MANHUA
SHUXUE
MANHUA
SHUXUE
MANHUA
SHUXUE

漫话

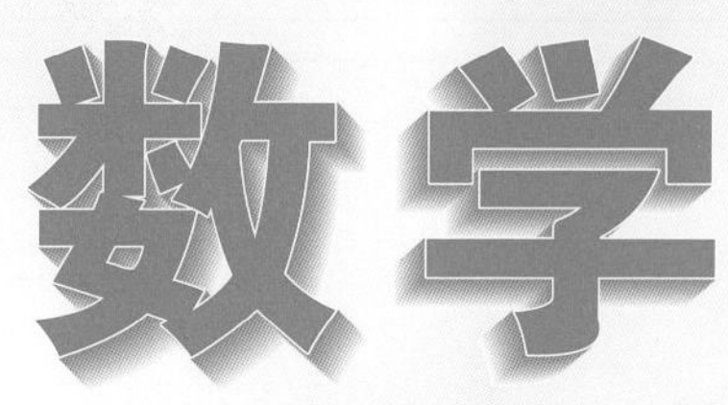

——张景中院士、任宏硕教授献给中学生的礼物

[典藏版]

张景中 任宏硕◎著

中国少年儿童新闻出版总社
中国少年兒童出版社
北京

图书在版编目（CIP）数据

漫话数学（典藏版）/ 张景中著.—北京：中国少年儿童出版社，2011.7（2024.8重印）
（中国科普名家名作· 院士数学讲座专辑）
ISBN 978－7－5148－0202－3

Ⅰ.①漫… Ⅱ.①张… Ⅲ.①数学－少儿读物 Ⅳ.①01-49

中国版本图书馆CIP数据核字（2011）第066454号

MANHUA SHUXUE (DIANCANGBAN)
（中国科普名家名作·院士数学讲座专辑）

出版发行：中国少年儿童新闻出版总社 中国少年儿童出版社

执行出版人：马兴民

策　　划：薛晓哲　　著　　者：张景中
责任编辑：陈效师　许碧娟　常　乐　　责任校对：杨　宏
装帧设计：缪　惟　刘豪亮　　责任印务：厉　静

社　　址：北京市朝阳区建国门外大街丙12号楼　　邮政编码：100022
总 编 室：010-57526070　　发 行 部：010-57526568
官方网址：www. ccppg. cn

印刷：北京凯鑫彩色印刷有限公司

开本：880mm × 1230mm　1/32　　印张：9.5
版次：2011年7月第1版　　印次：2024年8月第15次印刷
字数：197千字　　印数：85101-90100册

ISBN 978-7-5148-0202-3　　定价：25.00元

图书出版质量投诉电话：010-57526069　　电子邮箱：cbzlts@ccppg.com.cn

目 录

MANHUASHUXUE

Contents

目录

Contents

MANHUASHUXUE

第一章　从计算机说起

计算机的“绝活”是什么

现在计算机已经普及了。许多同学都会操作计算机，没有操作过的也都看过别人怎样操作计算机。最幼小的孩子也都听说过计算机的本领：计算机会加减乘除，会自动解题，还会画画；如果把计算机安在机器人的头上，它还会干活；如果把计算机安在导弹的头上，它还会自动寻找目标……计算机的确了不起。

那么，计算机为什么会有这么大的本领？它真正的奥秘是什么？我们的回答是：计算机的奥秘就是一个“快”字。听了这个回答，许多人不以为然，觉得“快”算不得什么真本领——马比人跑得快，可是马的本领没有人大。

下面，让我们举个例子说明，“快”就能做出惊人的事。一个学生叫李明，他带了300元钱到市场上去买光盘。别人告诉他，这个市场上小偷很多。于是他始终小心谨慎地把手插在裤兜里握着钱。走着走着，一只小虫子碰了他的眼角一下，李明抬手揉一下眼睛的工夫，兜里的钱没了。李明此行虽然没有买到光盘，却体验了“快”的威力。

当然这个例子是个玩笑，可是玩笑中往往包含着许多道理。下面是一位物理学家的玩笑。他说“快”可以让历史重演。大多数人听了都会觉得这位物理学家是在侃大山，吹牛皮。不过在责怪他之前，我们最好先听听他的故事。

譬如我们现在想看看古代原始人的居住环境和生活动态，怎么办呢？原始人并不知道现代的商店里可以买到摄像机，他们也就没有为我们后代留下一个镜头。时至今日，到哪里去为原始人拍摄镜头呢？

摄像机拍摄景物的过程是这样的：先由太阳（或其他光源）把光线射到景物上，经过反射，景物上的反射光线到达摄像机上，于是在摄像机磁带上留下了明暗和色彩各异的图像。当时，原始人的面前虽然没有架着一台摄像机，而从他们身上反射出来的光线总还是有的，而且这些反射光在太空中沿着直线一直还在传播着。如果某个记者拥有一艘超光速的飞船，派他去追赶那些光线，跑到那些光线的前面，架起摄像机，就能把古代原始人的镜头摄下来。通过电台一播放，大家就可以看到我们老祖宗当时的生活片断了。

这也是一个玩笑，因为人类至今还没有发现比光更快的速度，更谈不到造一艘超光速的飞船了。然而这至少让我们品味到“快”会产生许多我们意想不到的结果。

下面举一个走迷宫的例子。人家给你设计了一个迷宫，也许你走了一个多钟点还走不出来，甚至整整走了一天，由于过度的疲劳而认输。但是，计算机却可以在几秒钟内就走通。计算机是怎么走的呢？随便你怎么画迷宫，画出来的通道和岔口总是有限的。计算机用的是最笨的方法：它把所有可能的岔口和路径都走了一遍，最后终于从某条路径走通了。表面上，计算机给人的印象是有“灵”性（即智能性）。当它宣告胜利的时候，知根知底的人并不佩服它的聪明，却佩服它的速度。

通过这些故事和例子，也许在你的脑子里已建立起一个新概念：只要速度快到一定的程度，天下许多难事也是有希望解决的。

计算机是怎样工作的

虽然计算机的速度非常快，但是它毕竟是个死的东西，要它干活，你就必须告诉它怎么干。例如一台电脑的屏幕横向有640个点，纵向有400个点。若把屏幕看做直角坐标系的第一象限，为了与通常的直角坐标系完全一致，我们把原点定在左下角处。屏幕的最下面一行叫做第0行，最上面一行叫做第639行；屏幕最左列叫做第0列，最右列叫做第399列。现在想画一个圆周的四分之一部分，圆心定在左下角的原点处，其坐标是（0，0），半径定为80个点，颜色定为红色。要画这样的圆周，你就得告诉计算机，在屏幕的第几行第几列的交叉点处显示一个红点，而且你至少得告诉它近120个点的位置。

如果我们有工夫跟计算机说120句话，恐怕我们自己用圆规早就把这个圆周画出来了。计算机显亮点的动作虽然快，但它老得在那里等着我们说话。能不能把计算机速度快的特点进一步利用起来，把我们跟它说的120句话也由计算机来替我们说呢？

设圆周上点的坐标是（a，b），假定现在从圆周的北极点顺时针方向画一小段圆周。首先北极点的坐标为（0，80），即 $a=0$，$b=$

80，此时，a，b，r（半径）适合勾股定理：

$$a^2+b^2-r^2=0,\ 0^2+80^2-80^2=0。$$

下一步让横坐标增加1，即 a 从0变到1，根据勾股定理有

$$b=\sqrt{r^2-a^2},$$

此时，$b=\sqrt{6400-1}=\sqrt{6399}$。要让计算机自己算出6399的平方根的近似值也不困难，但是没有必要那样精确，因为屏幕上的点坐标只能取整数值，所以也只能为 b 选取一个合适的整数。

从北极点出发，当 a 增加时，b 应该减少，但是从上面的算式中可以看出，当 a 增加了1，b 并不一定减少1，实际上，b 只减少了零点零几。那么 b 取原来的值80好呢，还是取 $b=79$ 好呢？此时存在两种选择，应该让计算机自己把 b 的两种可能的值80、79分别代入公式中算一算：

$$(1^2+80^2)-80^2=1,$$

$$(1^2+79^2)-80^2=-158。$$

显然前者误差小，后者误差大，此时计算机自己就知道 b 该选哪个值了。

当 a 再增加1时，即 $a=2$ 时，仍然要判断一下，采用原来的 b 好还是让 b 减少1好，再次算一算：

$$(2^2+80^2)-80^2=4,$$

$$(2^2+79^2)-80^2=-155。$$

计算机照样能判断，还是 b 保持原数好，即 $a=2$ 时，$b=80$。

就这样，计算机每次亮完一个点，a 就自动增加1，接着计算机就把原来的 b 和 $b-1$ 代入公式中算一算，看看哪一个结果误差小，就选用哪一个 b。

依此进行下去，计算机画完一个点，它自己就会判断下一个点应该画在哪里，无须人在一旁絮絮叨叨说个没完。

细心的同学一定还会问两个问题：第一，计算机会算这些算式吗？第二，嘱咐计算机的话它能听得懂吗？这个问题说来话长，我们不打算在此细细讨论，只是粗略地告诉大家。第一个问题，我们从日常见到的掌上计算器里已经看到，计算机做加减乘除可是个行家，你不必为它担心。第二个问题，计算机可以听懂一百多个机器语汇，只需你把嘱咐的话尽可能数学化之后，它就能听懂了。关键的问题是你得有相当的数学水平。如果连你自己都不知道如何运用勾股定理，更无法叫机器去画圆了——还是那句老话：马跑得再快也没有人的本事大。

古代一位国王，在一次庆典大会上观看赛马时宣布：谁的马跑得快将奖给 10 两黄金。当两名赛手甲和乙出场之后，甲暗暗地想：自己的马比乙的马跑得快，准能获胜。这次是国王亲自牵来了他们的马。比赛的炮声响过之后，正当大家期望着奔腾飞越的场面出现的时候，却发现乙根本没有勒紧缰绳让马跑。原来国王把他们的马牵错了，甲骑的是乙的马，而乙骑的是甲的马，最后是甲先到目的地，但是黄金却奖给了乙的马。这场比赛，最终还是以智取胜，不以快取胜。

虽然“快”是一个很得意的工具，但是最使人着急的却是如何利用这个“快”，在不同的场合有不同的使法，运用得当才可取胜。大自然本身就像一个大迷宫，它的通道和岔口有无限多个，要指望计算机这个大笨蛋走遍所有的路径就会让人大失所望。譬如天气预报，破译密码……人们总嫌计算机干得太慢，甚至三维动画我们都觉得现在的计算机还不能完全胜任。科学家正从两个方面着想，一方面继续提高计算机的速度，另一方面研究和探讨更好的算法。前者给人类提供的便利是相对的，而后者给人类提供的便利是永恒的！真正驾驭计算机的还是数学。

数学的野心

上面我们说到，要真正驾驭计算机得具备相当的数学水平。可是学数学并不单单是为了开发计算机。在计算机诞生之前，数学在科学事业上的贡献早就已经为人类所叹服。正因为此，作为天文学家、物理学家和数学家的高斯才说“数学是科学的皇后”。

1781 年以前，人类只知道 6 颗行星：水星、金星、地球、火星、木星和土星。后来天文学家对这些行星与太阳的距离，经过一些数学变换之后作排队时发现：在火星和木星之间存在一个跳挡，预测应该还有中间的行星。经过 20 年的寻找，终于找到了第一颗小行星——谷神星。到现在，人类已经从这个跳挡中找到了 2000 多颗小行星。

1886 年德国化学家温克勒尔找到了一种新的化学元素——锗，他用实验测出锗的原子量、比重和其他一些属性。而在 15 年以前，俄罗斯化学家门捷列夫在他的化学元素周期表上，早已经对这个尚未出世的新元素准确地计算出它的有关数据。从此人们有目的地把一大群在周期表上露了面却又不被人类所知晓的元素发掘出来。

1864 年物理学家麦克斯韦发表了电磁场理论，麦克斯韦的理论实际上就是一组数学方程式，用麦克斯韦方程组可以推断出“光也是一种电磁波”。当时的物理学家很少有人能认同他的学说，在晚年听他讲课的只有2名研究生。20多年之后，也就是在麦克斯韦去世10年后，赫兹才用实验证实了电磁波的存在。

1905年和1915年爱因斯坦相继发表了他的狭义相对论和广义相对论。从他的一堆数学公式中可以算出，光线经过太阳旁边射到地球时，光线将因太阳的引力作用而偏离原直线轨道1.75秒。从1919年开始，科学家就不断地利用日食机会实地观测，所测到的平均值是1.89秒，到1964年，才有科学家用雷达实验的方法作出最精确的测量。而爱因斯坦预先算出的数据和实测的数据以小数点之后3位数的精确度相吻合。足足花了50年的实验时光，才证实纸上算出来的结果。

这许多重大的科学成就，似乎都像是用数学公式算出来的。从发展的趋势来看，数学在各门学科当中的作用是越来越厉害。

人类文明发展的一个重要标志就是语言。有了语言，作为社会中的人，人与人之间就可以互相进行交流了。人，除了作为社会中的人之外，同时又是自然中的人。能不能在人和自然之间也建立一种交流呢?

远在古代，很早就有人注意到这件事。我国战国时代的庄子和他的朋友惠施在濠水桥上观鱼，庄子看着鱼儿在水中游来游去说：它们游得真快活呀！他的朋友惠施说：你不是鱼怎么知道它们是快活的?庄子回答说：你不是我怎么知道我不了解鱼呢！这就提出了一个问题：人是否可以与鱼交流感情?

计算机首先做到了人和机器能够面对面地进行对话。科学家受此启发，展开了一个更宏大的目标：人要和物质世界进行对话。现代科学家已经证明人和动物是可以沟通的。对牛弹琴，牛也能体会。甚至人和植物也是可以沟通的。如在温室里种养木耳，如果定期在温室里制造雷鸣电闪的效果，木耳的生长就会有大幅度的增长。这些出嫁在异地的植物，它们还是特别喜欢听到娘家人的乡音。

近年来，生物学家所搞的生物工程，就是要通过破译遗传密码，达到与未来生命之间的对话。

日本一位科学家还把圆周率“π”中的数字编成音符，通过电台的电波发射到太空中去，看看有没有太空人的回应。同样地，人类一旦从太空中收到类似的电波，也会欣喜若狂的。虽然电波不能告诉我们太空人一定存在，至少我们肯定太空存在着一种超越我们现有理解水平之上的“灵”性物质。

各学科都在设计本学科内的数学模型，其目的就是要用数学作为语言与自己的研究对象进行对话。

不当数学家

喜欢数学的同学听了上一节一定感到很兴奋，但是不喜欢数学的小朋友听了反而觉得累得慌。也许会有人说：我长大了，不想当数学家，要当一个画家。其实 20 多年前，世界数学家大会主席赛尔就说过，世界上真正需要的数学家有 100 个就够了。看来他也赞同大家不要去当数学家。但是每个人必须学数学，懂数学，即使你当画家也需要懂数学。

譬如你要画一座博物馆大厅的走廊。走廊纵深的线条实际上是一些平行线组成的，然而在画面上表现出来的却是不平行的，画面上的平行线在远处相交于一个点，只有这样看起来才有深邃的感觉。同样，所有柱子的线条也是平行的，出现在画面上也像在某个高高的点处，它们就汇聚在一起了，这就造成了视觉上高耸的感觉。在立体空间中，除了前后和上下这两个方向外，还有一个第三维——左右方向。走廊中的横梁线条都是这个方向上的平行线，它们也像是由某一个较远的点发射出来的。三维空间有三组平行线，同方向的一组平行线都相交于同一个点，总共有三个交点。各个方向的平行线都好像是由这三个“光源”发射出来的光线。在射影几何学中就有这样一个定理，这三个“光源”必在一条直线上。

喜欢画画的同学们，不知道你们平时注意到上面这个事实没有，当然有许多人通过多次画画的经验，也许已经掌握了这个原则。如果你不遵循这个原则，恐怕画出来的走廊，让人看了之后，会替它产生坍塌的担忧。

再如“黄金分割”，古希腊时代的艺术家就已经发现了。当你要画 1 米长的人体，只有把肚脐的位置定在 0.618 米处，人的身材才显得最匀称。这个分割数（点）0.618 是怎么算出来的呢？

假定你画一个竖放着的长方形，长方形的高度设为 1，宽度设为 $a\left(\frac{1}{2}<a<1\right)$，它的长宽比是 $1:a$。当你把这个长方形的下半部截去一个正方形（长边宽边都是 a 的正方形）。那么，上面剩下的一块自然还是一个长方形。不过这个长方形的宽度是 a，高度是 $1-a$，因为 $a>1-a$，像一块横放的长方形。这块长方形的长边和短边的比值是 $a:(1-a)$。如果我们希望这块横放着的长方形和原来竖放着的长方形还保持着相似的形状，也就是想让截剩的这块长方形其长宽比

还是 $1:a$，那就得满足关系式：

$$a:(1-a)=1:a。$$

改写一下这个式子，就得到 a 所满足的方程式：

$$a^2+a-1=0。$$

用配方的方法，上式可以改写为：

$$a^2+a+\frac{1}{4}=\frac{5}{4}或\left(a+\frac{1}{2}\right)^2=\frac{5}{4}=\left(\frac{\sqrt{5}}{2}\right)^2。$$

因为只求一个正的 a，$a=\frac{\sqrt{5}}{2}-\frac{1}{2}\approx 0.618$。

可能会有人这样想，既然你已经把这个数算出来了，我只要记住这个数就行了。

不行。

你不但要知道这个 0.618 是怎么算出来的，而且你还要进一步去想，前面所述截剩而横放的长方形如果再照刚才的办法从右边又截去一块正方形之后，会怎么样呢？此时，左上角留下的还是一个长方形。这块长方形也还和原来那两块长方形相似。因为两块相似的长方形，做过相似的手术之后，剩下的还应当是相似的，只不过二者的大小不同而已。如此不断地切除掉一个正方形之后，所剩的长方形统统都相似。原来它们是竖一块横一块可以无限交替进行下去的，看起来好似渐渐远移的门框。想到了这一步，你的艺术灵感就来了。将一张白纸铺在桌面上，当你什么还没有画的时候，一个无限更替，具有生命跳动气息的画框已经在画纸上油然出现。

精明的读者或许会追问：在上面的叙述当中，你并没有证明 0.618 是“黄金分割点”。说老实话，我们根本证明不了这个结论。

迄今为止，人类对于“美”这个概念尚未给出一个确切的定义，更无从谈到证明什么是“美”了。但是人类注意到下面这些事实：

一颗五角星，如果是用五根一样长（设长度为1）的细木条搭建起来的，那么每根木条都会与其他四根木条有一个搭界之处（相交之处），其中有两个交点在这根木条的两个端点处，而其余两个交点正好在木条的0.618处（从左右两边来看）。

许多植物的枝叶，绕主茎螺旋式地向上生长时，相邻叶枝转过去的角度总是137.5度。这个角度就是一个圆周角的0.618倍处的度数。

有人算了算，在自然界中，植物、动物、建筑、音乐等领域出现0.618的地方逾千种。深谙数学内涵的艺术家，就是从这些大自然的数学表情中，读懂了美的数字——黄金分割数。由此可见，艺术家对数学的体会程度不同，也很影响他的创作灵感。近年许多三维动画的设计家，他们在境界上之所以具有创新的绝招，都来源于高深的数学修养。

关于科普读物

我邻居的一个小孩叫小丽。她写了一篇很满意的作文。课后回到家，妈妈问：老师的评价如何？她说：我的作文排第四名。妈妈说：你们老师把大家的名次都排出来了吗？小丽说：老师只公布了前三名，我想，再往下排，就应该是我了。诚然，这是一位纯真可爱的小姑娘。

学生中很多人也很愿意把自己当做第四名，这本身并无褒贬之处。但是，当一位大学生在翻阅一本科普读物的时候，如果旁边有人问他看什么书，他突然会感到脸红，那就大可不必了。

实际上，很多科学家都是科普读物的热衷者。其道理也很简单：单单学了科学知识是不够的，最重要的是如何运用这些知识。运用知识的地方常常不是预先给定的，运用之际，切入脑子里的时间往往也只是稍纵即逝的。通常有一句话：成功者都是有机遇的，而机遇都是让给有准备的人。这意思就是说，要想交好运的人，学到的知识都得早早地切换成你自己用起来很顺手的模式而预备着，是你等机遇，不是机遇等你。否则现磨刀，永远捕捉不到稍闪即灭的灵感。

举个例子来说。

任给两个正数 a 和 b，利用 $(\sqrt{a}-\sqrt{b})^2 \geqslant 0$ 的事实，可以得到下面的不等式：

$$\frac{(a+b)}{2} \geqslant \sqrt{(ab)}\text{（当且仅当 } a=b \text{ 时等式成立）。}$$

如果把 a 和 b 都改为平方数，就有如下一种形式的不等式：

$$\frac{(a^2+b^2)}{2} \geqslant ab\text{。}$$

别看这个不等式证明起来容易，却是一个非常重要的不等式。数学家还特别为它起了一个名字，叫做“算术平均大于等于几何平均”的不等式。

大部分老师还为学生讲述了这个不等式的几何意义。下面就是一种几何描述法：

不妨设 $b \geqslant a$，作一个满足以下条件的图形：

（1）以 b 为边画一个正方形；

（2）从正方形的上边往下量，在相距 a 处，画一条与上边平行的线；

（3）再从左上角到右下角画一条对角线。

从这个图形上看，正方形的面积是 b^2，上半的三角形的面积是 $\frac{b^2}{2}$，对角线左下半有两个三角形，小的三角形面积是 $\frac{a^2}{2}$，从图上立即看到这两个一大一小的三角形的面积之和 $\frac{(a^2+b^2)}{2}$ 一定大于以 b 为横边，以 a 为高的长方形面积 ab。前者是 a^2、b^2 的算术平均，后者是 a^2、b^2 的几何平均。

下面我们用“算术平均大于等于几何平均”这个定理来做一道题。

一块正方形的月饼，月饼上只画着一条对角线。从对角线上找一点，横竖切两刀把月饼切成四小块。因为找不准中心点，下刀后切下来的四块大小不一，对角线上的两块都还是正方形。其中最大的一块是边长为 b 的正方形，而最小的一块是边长为 a 的正方形，其余两块是大小相等的长方形。若规定，大小块要搭配着拿。那么，拿两块正方形的月饼多呢，还是拿两块长方形的月饼多？

可以计算一下，两块正方形的面积分别是 a^2 和 b^2，两块长方形的面积都是 ab。运用“算术平均大于等于几何平均”的原理：$a^2+b^2\geqslant 2ab$，自然是拿两块正方形的月饼多。但是同学们往往还会有这种感觉，这个不等式似很熟又不熟，看别人运用这个不等式的时候，并不觉得新奇，可是我自己使用起来却常常是丈二和尚摸不着头脑。

究其原因，障碍在于没有吃透“几何平均”是什么意思，没有把“几何平均”这个概念化为自己理解的模式。

其实翻翻一些科普读物，就会得到很好的解决，我们这里简单给大家叙述一下。

如果有两堆木棍，第一堆木棍的长度都是 a，第二堆木棍的长度都是 b（不妨设 $b>a$）。我们用第一堆木棍中的 a 只能搭成边长是 a 的正方形，用第二堆木棍中的 b 只能搭成边长是 b 的正方形。如果混合使用这两堆中的木棍，就可以搭出长宽分别是 b、a 的长方形了。若想用这些木棍搭两个窗框，专用前一种嫌小，而专用后一种又嫌大，我们面临着两种选择：或者大小正方形各取一个，或者把这两种木棍搭配着用，做两个 $a\times b$ 的长方形窗框。哪一种平均采光更多呢？心里应该有个数：前者多，后者少。前者指的就是算术平均，后者指的就是几何平均。在后一种情形下，两个都是相同的长方形，为什么还用平均这个字眼呢？因为这个长方形本身就已经是长短边搭配着构造出来的，从结构的角度来看，其本身就含有一个平均的意思。

这么一解释，不知道“算术平均大于等于几何平均”的原理从此是否就和“弯路总比直路长”（三角形中两边之和大于第三边）的原理并排地储存在你的脑海之中。当你使用前一个不等式时，会觉得和使用后一个不等式一样地顺溜，无须在脑子里再打转转，那就有收获了。

是否真的有收获，下面再出一道抢答题让你试试：

甲手中有两个数 a 和 $b(a<b)$，乙手中有两个数 c 和 $d(c<d)$，各将小的数和对方小的数相乘得 ac，大的数和对方大的数相乘得 bd，

二者之和是（$ac+bd$），而双方各把大小数搭配着相乘后，其和是（$ad+bc$），两个括号里的数，哪个大？

问题已经超出了“算术平均大于等于几何平均”这个定理的适用范围，答案似乎拿不准。如果吃透了上面这个定理的意思，就能悟出：大小搭配着相乘后，其和应该小一点（如右图，（$ac+bd$）是空白部分面积，（$ad+bc$）是阴影部分面积。因为 $b>a$，把下面两块翻上去相互抵消，剩下部分明显是空白部分大）。此时勿须下手验算，就可以抢答成功。这就是灵感，许多科研成果都是靠这种灵感推动而超越前人的。

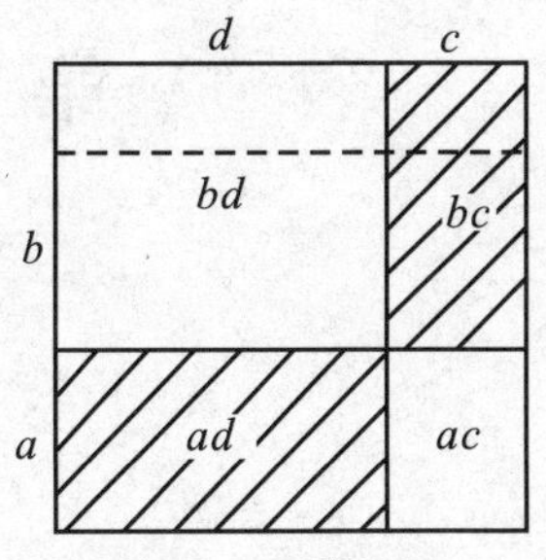

科学知识好像一把外科手术刀。科普作品不一定能再递给你一把新的刀子，它却会润滑你运刀的手腕。

第二章　数是什么

古代的数字

如果你没有学过怎样写数字，要你在纸上画些记号，用这些记号帮你记住桌子上是几个苹果，你该怎么办呢?

这容易办：另在纸上画一道或一点表示一个，两道或两点表示两个，有几个苹果就画几道或点几点。如果不怕麻烦，也可以画圈。

古代巴比伦人的数字就是这样：用五个点表示5，八个点表示8，九个点表示9。画的点上大下小好像一枚钉子。点太多了就看不清，所以专门用一个记号“〈”表示10。50则由五个“〈”组成。到了60，又规定了新的记号“T”。它还代表360。用这个方法，数太大了就混淆不清，必须要配上文字说明。

古埃及的数字比巴比伦的简单一些，比你今天用的数字难写得多。他们要表示1000，就画一个双手举起的人。这叫做象形数字。

古罗马用大写拉丁字母代表数。I是1，V是5，X是10，L是50，C、D、M分别表示100、500、1000。一个数字重复几次，就是它的几倍，如Ⅱ是2，Ⅲ是3，MM是2000。大数右边写个小数表示相加，左边写个小数表示相减。例如Ⅻ是12，Ⅳ是4。数字上面画一横表示它的1000倍，如 $\overline{M}$ 表示1000的1000倍即1000000。

我们中国古代用的数字和今天的汉字一、二、三、四、五等等差别不大。另外，还有一套大写的数字：

零 壹 贰 叁 肆 伍 陆 柒 捌 玖
0 1 2 3 4 5 6 7 8 9

这套数字直到今天仍在用于财务工作中。因为大写的字笔画多，不好涂改。

印度数字出现得较晚，后来经过了多次变化。然而后来居上，现在世界通用的阿拉伯数字，正是以印度数字为基础发展成的。原因何在？除了写法简单之外，还由于古印度人和咱们的祖先一样给从1到9的每个数都制定了不同的记号。

记 数 法

在黑板上记选票，一票画一道。道道画得多了，很难一眼看清，就采用了写“正”字的办法。一个“正”字是五画，表示5票。用“正”字来记数是一个小发明。

既然可以用一个“正”代表5，当然也可以用别的更简单的记号代表比5更大的数。中国的“十”、“百”、“千”，罗马的V、C、M（表示5、50、1000），不是早就创造出来了吗？

数是无穷无尽的，代表数的符号却只有那么不多的几个或十几个，怎么办呢？只有把几个符号拼凑在一起来表示更多的数。这就要有个规则。记数的规则就是记数法。

最容易想到的是简单地把几个符号各自代表的数加起来。古埃及人用∩表示10，用｜表示1，那么，｜｜｜｜∩∩就表示24，叫做“组合记数法”。按照这种办法，4563用咱们中国数字表示，就要写成千千千千百百百百百十十十十十十三三三。

组合记数法太辛苦，得想个改良它的办法。容易想到用列表的办法来简化：4563可表示成：

千	百	十	个
四	五	六	三

这种列表的方法，至今银行的存款单上还在用。

习惯了列表法，把表头省掉，便成了

四	五	六	三

要是再把方格省掉，便成了“四五六三”，但是这里有一个问题：4560本来是

四	五	六	

去掉了方格，就是“四五六”，岂不和456分不清了吗？确实如此！古巴比伦的记数法里用的是六十进位，他们分不清“⊤”是60还是3600。如⊤〈〈既可以是60+20，表示80，也可以是3600+20，表示3620，因而非另加说明不可！

变通的办法是：空格不能省略！这样一来

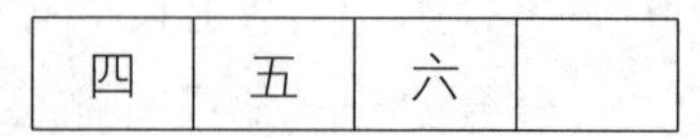

四	五	六	

可以简记成“四五六□”。

最初采用这种简化记号的无名英雄，他自己万万没想到，他为人类的科学发展作出了划时代的贡献。只要把不好画的“□”变成

好画的0，一个新数“0”就诞生了。方便的记数法也就完成了！剩下的不过是把“四”、“五”、“六”换成好写的4、5、6而已。

我们现在用的记数法叫位值法。也就是说，一个数字究竟代表多大，与它的地位有关。在“333”当中，第一个“3”表示300，第二个是30，第三个仅仅是3。在位值记数法里，表示空位的“0”断不可少。

比起组合记数法，位值法真是高明多了。按照位值法，每个数只有一种记法，每种数字组合只表示一个数。

更重要的是，用位值法记数，四则运算的法则很简单。本来，算术在古代某些国家是一门高深的学问，现在，小学生也都能很顺利地学会了。

值得提一句的是，人类从开始记数到使用0，中间经过了5000多年！早期数学的发展是多么缓慢、艰难！

通常认为，“0”是印度人的贡献。公元前200年，印度已经用0表示空位。在公元前3世纪印度的书中，已把0当成数字，并且表述了关于0的运算法则。

有没有更简单的记数方法

八点五十五分可以说成九点差五分，而且更清楚。这启发人们利用减法可以改进现行的记数方法。

早在1726年，就有人建议过一种加减记数法。这种记数法不要6、7、8、9这几个数字，9用10减1表示，写成$1\bar{1}$，8就是$1\bar{2}$，7是$1\bar{3}$，6是$1\bar{4}$。总之，数字上画一杠表示减去它。按这个方法：

498 写成 $50\bar{2}$，$50\bar{2}=500-2$；

7683 写成 $1\overline{232}3$，$1\overline{232}3=10000-2320+3$。

这种方法的好处是：

1）减少了四个数码，识数、做基本的加法都容易了。

2）乘法口诀本来是 36 句（1 的乘法口诀不算），现在只有 10 句：

$2\times2=4$，$2\times3=1\bar{4}$，$2\times4=1\bar{2}$，$2\times5=10$，$3\times3=1\bar{1}$，$3\times4=12$，$3\times5=15$，$4\times4=2\bar{4}$，$4\times5=20$，$5\times5=25$。

3）加法和减法是一回事了。例如：

$5\bar{2}3\bar{1}-3\overline{24}1=5\bar{2}3\bar{1}+\bar{3}24\bar{1}=21\overline{32}$，

这样，从学习加法起，就要学习正负数运算方法，把背九九表，学减法借位的工夫用来学习负数，为代数作准备，要合算得多。

4）多个数连加或加减混合运算，由于正负相抵，变简单了。如下例：

现在的方法

$$\begin{array}{r} 308 \\ 199 \\ 196 \\ 202 \\ +203 \\ \hline 1108 \end{array}$$

改进的方法

$$\begin{array}{r} 31\bar{2} \\ 20\bar{1} \\ 20\bar{4} \\ 202 \\ +203 \\ \hline 111\bar{2} \end{array}$$

5）在近似计算时，没有“四舍五入”的规则了。代替它的是简单地截去尾巴。如 2.0586，取两位有效数字是 2.1，三位是 2.06，四位是 2.059；在改良的计数法中，对应的 $2.1\overline{414}$，取两位是 2.1，三位是 $2.1\bar{4}$，四位是 $2.1\overline{41}$。

新记数法中乘法和除法又是怎样进行的呢？请你自己想一想。

可惜的是，现行的十进制记数法在地球上已经太普及了，要改，将要付出巨大的代价，会引起广泛的混乱。因此，这个方案也许永远只能是纸上谈兵而已。

负　数

记账的时候，要把收入与支出区别开。区分的办法很多，如：

第一，写清楚“收入100元”，“支出50元”。

第二，收入写在一格，支出在另一格。

第三，黑字表示收入，红字表示支出。

第四，在支出的钱数前面写个“-”号，表示从总存款数中减去了这一笔。

这些办法，都被会计师采用过。它们各有优点，各适用于不同的场合。要说简单快捷，则数最后这个办法。

当人们最初想到这种简单的记账方法的时候，他们实际上已经创造了一种新的数——负数。

最早使用负数的是咱们中国。公元1世纪已经成书的《九章算术》里，系统地讲述了负数概念和运算法则。那里用红字表示正数，用绿字表示负数。印度人在7世纪开始用负数表示债务。在欧洲，直到17世纪，还有很多数学家不承认负数是数呢！

我们常常碰到意义相反的量：前进多少里与后退多少里，温度是零上多少度或零下多少度，结算账目时盈余多少元或亏欠多少元，公元前多少年或公元后多少年。有了负数，区别意义相反的量十分方便。有了负数，数之间的减法也就通行无阻了。

度量衡与分数

如果仅仅需要记下或计算多少个人，多少头牛，多少条鱼，自然数当然已经足够。

一旦要知道一块地的面积，一段绳子的长度，或者要把一块肉分成重量相等的几份，自然数就不够用了。可见，人们在生产和生活中开始使用尺子、量器和秤的时候，分数就一定会应运而生。

中国古代的数学著作《九章算术》里，最早论述了分数运算的系统方法。这在印度出现于7世纪，比我国晚500多年，欧洲则更晚了。

分数的基本性质和运算规律是:

1）当 m、n 是整数，$n \neq 0$ 时，$\frac{m}{n}$是一个分数。

2）当 $m=0$ 时，$\frac{m}{n}=0$，当 $n=1$ 时，$\frac{m}{n}=m$。

3）如果 $mk=nl$，并且 k 和 n 都不是0，就说$\frac{m}{n}=\frac{l}{k}$。

4）如果 $mk<nl$，并且 k 和 n 都是正数，就说$\frac{m}{n}<\frac{l}{k}$。

5）$\frac{m}{n} \pm \frac{l}{k}=\frac{mk \pm nl}{nk}$。

6）$\frac{m}{n} \times \frac{l}{k}=\frac{ml}{nk}$。

7）当 $l \neq 0$ 时，$\frac{m}{n} \div \frac{l}{k} = \frac{mk}{nl}$。

8）分数之间的四则运算满足加法交换律、加法结合律、乘法交换律、乘法结合律，以及乘法对加法的分配律。

无理数的诞生（$\sqrt{2}$之谜）

用勾股定理可以求出，边长为 1 的正方形，它的对角线的长度应当是$\sqrt{2}$。$\sqrt{2}$，是这样的一个正数，它自乘之后等于 2。因为 $1 \times 1 < 2$，而 $2 \times 2 > 2$，所以$\sqrt{2}$应当在 1 与 2 之间。

在 1 与 2 之间，分数多得很。两个分数之间一定还有分数（为什么?）。可见，分数是密密麻麻地拥挤在一起的。其中有没有一个分数，它的平方恰好是 2 呢？看来应当有。

但是在数学里，粗看一下便下结论往往是要出错的！下面，我们可以证明$\sqrt{2}$不是分数：用反证法，如果$\sqrt{2} = \frac{n}{m}$，而且 n 和 m 是整数，则

$$2m^2 = n^2。$$

上式左端含有奇数个 2 因子，右端却有偶数个 2 因子，矛盾！这就否定了反证假设，证明了$\sqrt{2}$不是分数！

据说，古希腊的毕达哥拉斯学派的一个青年希帕苏斯（Hippasus，公元前 4 世纪左右），首先发现了正方形边与对角线之比不能用整数之比表示，即$\sqrt{2}$不是分数。毕达哥拉斯学派的基本观点之一是“万物皆数”，又认为数就是正整数，正整数也就是组成物质的基

本粒子——原子。他们觉得，线段好比是一串珠子，两条线段长度之比，也就是各自包含的小珠子的个数之比，当然应当可以用整数之比——分数——表示。由于希帕苏斯的发现和这个学派的错误信条抵触，因而他被这个学派的其他成员抛入海中淹死了！

用分数不能表示边长为 1 的正方形的对角线的长度，这件事使古代的数学家们感到惶恐不安。这就是数学史上所谓的“第一次数学危机”。

很快，大家知道了还有很多很多的数不能用分数表示，如$\sqrt{3}$，$\sqrt{7}$，$\sqrt[3]{2}$，$\sqrt{5}+\sqrt{11}$，以及三角函数表，对数表里的许多数。这类数叫人难以理解，又无法不和它们打交道，于是被叫做“无理数”。无理数是地地道道的数呢，还是某种神秘之物？数学家们为此争论了两千多年之久。

到 16 世纪，即第一个无理数$\sqrt{2}$被发现两千多年后，大多数数学家才承认无理数也是数。19 世纪，实数理论建立之后，人们才从逻辑上把无理数说清楚。$\sqrt{2}$之谜找到了答案，第一次数学危机过去了。

用“$\sqrt{\quad}$”表示平方根，是解析几何的创始人笛卡儿（Descartes，1596～1650）首先采用的。

虚数不虚

正数的平方是正数，负数的平方也是正数。那么，负数的平方根该是什么意思呢？人们长期以来觉得难以理解。

一条直线，取定了原点 O、单位长度和正方向，便成了数轴。

每个实数都可以用数轴上的一点表示。用 -1 乘所有的实数，正变负，负变正，整条数轴换了个方向，好像来了一个“向后转”，转了 $180°$！再来一个向后转，又还原了。这就是 $(-1)^2=1$。什么口令连喊两次等于“向后转”呢？当然是向左转或向右转。

因此，把“用 $\sqrt{-1}$ 乘”理解为“向左转”或“向右转”，再恰当不过了。通常把“用 $\sqrt{-1}$ 乘”看成“向左转”，也就是逆时针旋转 $90°$，至于向右转，当然是用 $-\sqrt{-1}$ 乘了。

“向后转”的时候，数轴上的点仍然落在数轴上。“向左转”可不同了。数轴已经离开了原来的位置，变成另一条和它垂直的数轴。这告诉我们，仅仅把眼睛盯在一条实数轴上，是理解不了 $\sqrt{-1}$ 的，当然也理解不了其他负数的平方根。要理解它们，必须开拓视野，看到一张平面。

实轴上的一点 B 本来是用实数 b 表示的。用 $\sqrt{-1}$ 乘一下，也就是逆时针旋转 $90°$，B 变成了 B'，b 变成了 $b\sqrt{-1}$。我们正好用 $b\sqrt{-1}$ 表示 B。这些 $b\sqrt{-1}$ 们代表的点，组成的直线便叫做“虚轴”。用 $\sqrt{-1}$ 乘虚轴上的点，则它们又回到实轴上了。

上面只谈了乘法。同一个数，在加法里的意义和乘法里的意义是不同的。$5+1=6$ 告诉我们，加 1，是向“东”走一个单位距离，减 1，向“西”走一个距离。是不是可以认为，加 $\sqrt{-1}$，就是向“北”走一个距离呢？确实不错。把刚才的 $b\sqrt{-1}$ 所表示的点 B' 向东移 a 个单位距离到 P 点，相当于 $a+b\sqrt{-1}$，这个位置 P，也正是把 a 代表的点向北移 b 个单位距离得到的点，即 $a+b\sqrt{-1}$。

现在，平面上每个点都可以用形如 $a+b\sqrt{-1}$形式的数表示，而 a 和 b 是实数，每个这样的数都代表平面上的一个点。这种形式的数叫做复数，a 和 b 分别叫做 $a+b\sqrt{-1}$的实部与虚部。这个平面就叫复平面。

把复平面的原点 O 和任一点 P 连起来，在 P 处画个箭头，就成了一个有方向的线段，叫向量。向量，是既有大小，又有方向的量。物理学里的位移、速度、力和加速度都是向量。如果复数 $z=a+b\sqrt{-1}$代表点 P，它当然也可以代表向量$\overrightarrow{OP}$。复数相加时，实部与虚部分别相加，这正好就是向量加法。

用 ρ 表示 z 所代表的向量的长度，θ 表示从实轴正方向逆时针旋转到 Z 的角度。ρ 称为复数 z 的绝对值或模，θ 叫做 z 的幅角。把 z 写作 $z=\rho e^{i\theta}=\rho(\cos\theta+i\sin\theta)$，这里 i 就是 $\sqrt{-1}$。首先建议用 i 来记 $\sqrt{-1}$的，是著名数学家欧拉（Euler，1707～1783，瑞士人，俄国彼得堡科学院院士）。当时，他认为 $\sqrt{-1}$纯属虚幻之物，因而用 imagine（英文：想象）或 illusion（虚幻）的第一个字母 i 来表示它。

引入了 $\sqrt{-1}$之后，实数系扩大成为复数系。在复数系里，每个代数方程都有根，这就是著名的高斯定理，也叫“代数基本定理”——这是复数系的美妙性质之一。复数不但使数系在理论上臻于完美，而且在流体力学、电磁学、热力学、理论物理、弹性力学、天体力学和其他技术领域中，有广泛深刻的应用。

有趣的是，许多卓越的数学家，包括解析几何的创始人笛卡儿，微积分的创建者牛顿和莱布尼兹，数学英雄欧拉，数学王子高斯，他们尽管发现了关于 $\sqrt{-1}$的许多深刻的定理与公式，在 $\sqrt{-1}$帮助下巧妙地解决了许多数学难题，但却依然认为 $\sqrt{-1}$ 是神秘虚幻的不可捉摸之物，不肯承认 $\sqrt{-1}$ 是数的家族中实实在在的一员。

首先揭去 $\sqrt{-1}$ 的神秘外衣的，是 18 世纪的两位自学成才的业余数学爱好者——挪威的韦塞尔（C. Wessel，1745～1818）和瑞士的阿尔干德（J. R. Argand，1768～1822）——他们分别独立地给虚数以几何解释，并阐明了复数四则运算的几何意义。从此，虚数不再被认为是虚幻之物了。

数系巡礼

人类对数的认识，不断地在发展。

小孩子识数，从 1 开始。人类也是这样。在 1 上面加 1，再加 1，不断地加 1，可以达到任何一个自然数。

为了用位值法记数，一个最重要的数字“0”应运而生。

为了测量长度、面积，称面粉，必须用分数和小数。在 0 之前，分数和小数已诞生了。只为了在算术里做加法和乘法，只有正整数便已够用。有了分数，除法也通行无阻了。

在商业活动中，人们创造了负数。负数的出现使小数能减去大数，减法也通行无阻了。

正整数、负整数和 0 在一起组成的数系，叫做整数环，在整数环里，加、减、乘三种运算通行无阻。这叫做整数环对加法、减法和乘法的封闭性。

正负整数、正负分数和 0，在一起称为有理数。在有理数系里，加、减、乘、除通行无阻。在数学里，把允许加减乘除通行无阻

（还要符合五条运算律：加法交换律、加法结合律、乘法交换律、乘法结合律、乘对加的分配律）的系统叫做域。所以有理数系也叫有理数域。

在有理数域里没有$\sqrt{2}$，也就是说方程 $x^2-2=0$ 没有根。方程没根不要紧，可是正方形总不能没有对角线吧？而$\sqrt{2}$正是边长为 1 的正方形的对角线！为了几何的需要，有理数系必须扩大。

在几何直观启发下，人们建立了实数系。这样，每条线段与单位线段的比都可以用数表示了。这个数也许是有理数，也许是无理数。有理数与无理数合称实数。实数系也能使四则运算通行无阻，不但如此，实数系里还能进行“取极限”的运算，这是它比有理数系优越之处。这个特点，叫做实数域的完备性。

在实数系里，许多代数方程没有根。如方程 $x^2+1=0$，就没有实根。数学家们发现，在解另外一些有实根的代数方程时，或进行别的运算时，不可避免地碰到 -1 的平方根 $\sqrt{-1}$。大家对 $\sqrt{-1}$想不通，又不得不跟它打交道，便给它起了个名字 $\mathrm{i}=\sqrt{-1}$，“i”的意思是“虚幻”。后来，从几何上解释了“虚”数，实数系理直气壮地扩充成了复数系。实数系是一条直线，复数系是一张平面。这种几何解释使复数系在数学中牢牢地站稳了脚跟。

在复数系里，四则运算通行无阻，所以它也是数域。极限运算通行无阻，因而它又是完备数域。在复数域中，代数方程总有根，所以它又叫做代数封闭域。

总的来说，几种数系的关系是：

（1）全体正整数，加法与乘法通行无阻。

（2）加法的逆运算是减法，为了减法通行无阻，要添上负数和

0，形成整数环。

（3）整数环里，除法不能通行无阻。为了解决这个问题，添上分数，得到有理数域。

（4）有理数域里，极限运算不能通行无阻。为了解决这个问题，把有理数域扩充为实数域。

（5）在实数域里，解代数方程的运算不一定行得通，把它再扩充为复数域，成了代数封闭域，所有的代数方程都有根了。

数系还可以再扩充。但是再扩充时，某些原来的法则就不再成立了，例如，复数域还可以扩充成“四元数域”，这时乘法交换律就不再成立了。

实数连续性的奥秘

整数由小到大的变化是跳跃式的。从1跳到2，跨过了许多分数。有理数从1变到2，中间似乎没有跳跃，因为1与2之间的有理数是密密麻麻的，找不到一段空白。其实有理数从1变到2并非连续地变化，因为中间跨过了许多无理数，例如$\sqrt{2}$。

有理数再添上无理数，凑成全体实数。我们说，实数是可以连续变化的。说变量x从0变到1，是说x要取遍0到1之间的一切实数。

在直线上取定一个原点，一个单位长和一个方向，直线就成了数轴。数轴上的每个点代表一个实数，每个实数都可以用数轴上的一个点表示。实数可以连续变化，就是说点可以在数轴上连续地运动。

如何精确说明这里所说的连续性的含义呢?

设想用一把锋利的刀猛砍数轴，把数轴砍成两截。这一刀一定会砍在某个点上，即砍中了一个实数。如果能够砍在一个缝隙上，数轴就不算连续的了。

设数轴是从点 A 处被砍断的。这个点 A 在哪半截数轴上呢? 答案是：不在左半截上，就在右半截上。这是因为点不可分割，又不会消失，所以不会两边都有，也不会两边都没有。

从以上的假想中领会到：所谓数轴的连续性，就是不管把它从什么地方分成两半截，总有半截是带端点的，而另外半截没有端点。

实数的连续性，也就可以照样搬过来：

“把全体实数分成甲、乙两个非空集合，如果甲集里任一个数 x 比乙集里的任一个数 y 都小，那么，或者甲集里有最大数，或者乙集里有最小数，二者必居其一，且仅居其一。这就叫做实数的连续性。”

有理数系不满足这个条件。如：把全体负有理数和平方不超过 2 的非负有理数放在一起组成甲集，所有平方超过 2 的正有理数组成乙集，则甲集无最大数，乙集也无最小数。若从甲乙两集之间下手砍一刀，就砍在缝里了。在实数系中，这个缝就是用无理数$\sqrt{2}$填起来的。

这样把有理数分成甲、乙两部分，使乙中每个数比甲中每个数大，这种分法叫做有理数的一个戴德金分割，简称分割。有理数的每个分割确定一个实数。有缝隙的分割确定一个无理数，没有缝隙的分割确定一个有理数。这样建立实数系的方法是德国数学家戴德金（J. W. R. Dedekind，1831 ~ 1916）提出来的。

第三章 运算的规律

什么是运算

给两个数 3 和 5，中间放上个加号，得 8，这就是在做一种运算——加法。运算，就是从给定的东西出发，施行确定的步骤以获得确定的结果。

运算有确定性，$3+5=8$，只有这一个答案。你来做，他来做，不管谁来做，总是得 8。运算的种类很多，然而基本的算术运算只有两种——加法和乘法。减法是加法的逆运算，除法是乘法的逆运算。

两种基本的算术运算，服从五条基本规律。这就是加法交换律、乘法交换律、加法结合律、乘法结合律以及乘法对加法的分配律。我们做计算时，一步也离不开这些“律”。

在代数里，用字母代替数，对字母也就可以进行运算了。既然字母是数的替身，对字母的运算也要服从数所服从的这些“律”。形形色色的恒等式，归根结底都是从这五条基本规律推出来的。

运算也可以施行于别的东西上面。例如：两个力作用于同一物体，可以说两个力相加，这就是向量之间的加法运算。把一个三角形按比例放大到三倍，又绕它的外心旋转 90°，可以说是“放大”

与“旋转”相乘，这是几何变换之间的乘法运算。通常，可结合又可交换的运算常常叫做加法，可结合但不一定可交换的，叫做乘法。

为什么 $-(-a)=a$

直观上的解释是：把 a 看成一笔钱，$-a$ 就是一笔债务。$-(-a)$ 就是免除了这笔债务，当然相当于收入了一笔钱。

这虽然有道理，但是不能代替数学推导。所有的运算法则都应当从定义和最基本的运算法则推出来，$-(-a)=a$ 这条法则也不例外。

所谓 $-a$，是 a 的相反数。所谓 a 的相反数，是方程 $x+a=0$ 的根。

因此，$-(-a)$ 是方程 $x+(-a)=0$ 的根。

因此 $(-a)+a=0=-(-a)+(-a)$。两端都去掉 $(-a)$，便得 $a=-(-a)$。

更直接的推导方法是用 0 的性质和结合律：

$$
\begin{aligned}
-(-a) &= -(-a)+0 \\
&= -(-a)+[(-a)+a] \\
&= [-(-a)+(-a)]+a \\
&= 0+a \\
&= a。
\end{aligned}
$$

能交换与不能交换

生活中有很多事，先后顺序是不能交换的。你不能先把扣子扣好，再穿衣服。语言文字，有顺序可交换的，但意义可能变了。“屡战屡败”的将军是草包，而“屡败屡战”却多少表现出坚持战斗的勇气。

就在数学里，不能交换的地方也很多。你不能把35写成53，把100写成001。不能把2^3写成3^2，不能把$2+3\times5$当成$3+2\times5$。

物理运动，有的能交换，有的不能交换。“向东走10米，再向南走5米”，其结果和“向南走5米，再向东走10米”是一样的。“向左转，再向后转”和“向后转，再向左转”也是一样的。“向左转，再向前5步走”和“向前5步走，再向左转”却大不相同。

能不能交换顺序，运算时应当时时留心。

代数运算的三个级别

常用的数学运算分三级。加减法是一级运算，乘除法是二级运算，乘方和开方是三级运算。在一个算式里，如果有不同级别的运算，就先进行三级运算，再进行二级运算，最后进行一级运算。这样规定，有一个明显的好处，就是可以少用括号。如果没有这种规定，像算式$3\times5+6\div2$，就要写成$(3\times5)+(6\div2)$了。

同一级别的运算，按自左而右的顺序进行。例如，$3-2+1$要先算$3-2$，不能先算$2+1$。

乘方开方对乘除法有分配律，就像乘除法对加减法有分配律一样。也就是说，如果甲种运算比乙种运算高一级，甲对乙有分配律。但是乘方和开方对加减却没有分配律，不能把$(a+b)^2$写成a^2+b^2，差两级是不能分配的！

第四章　怎样才能算得快

两位数加减法的心算

两位数和两位数相加，如果不进位，心算是容易的。记住要从高位算起。例如 32 + 46，应当先算 3 + 4 = 7，把结果“七十……”报出来，然后算出 2 + 6 = 8，接着报出“八”。要是先算个位 2 + 6 = 8，像笔算那样做法，你就要在脑子里记住这个 8，同时又去算 3 + 4 = 7，增加了大脑的记忆负担。

如果进位，仍应当从高位算起，但是要用“先加后减”的方法来代替进位手续。例如：37 + 48，在脑子里可以把它转换为 37 + 50 − 2，便可以应声说出 85。又如 65 + 77，可想成 65 + 80 − 3，先报出“一百四十…”，再算出 5 − 3 = 2，接着报出“……二”。

两位数减去两位数或一位数，如果个位够减，心算不难。方法仍然是从高位到低位，边算边报结果。如需要借位，就用先减后加的办法。如 52 − 29，可想成 52 − 30 + 1；34 − 7，可想成 34 − 10 + 3，这就避免了进位的周折。

多位数的加减法，只要你能记得住题目中的数字，就能用类似的方法心算。窍门有两个：

（1）从高位到低位，边算边报出结果。计算时注意会不会有进位与借位，如有进位与借位，可以预先进上或借走。

（2）两数相加大于9时，可用一个数减另一数的“补数”。两数相减不够减时，可用被减数加上减数的“补数”。所谓补数，就是能和该数凑成10的数。如：2的补数是8，6的补数是4。

例：要算3574+4681，先算3+4=7，照顾到后面5+6要进位，就预先进一位，报出结果的首位“八千……”，接着5+6，可按5−4得出1，因为6的补数是4。照顾到后面7+8要进位，报出结果“……二百……”。然后把7+8按7−2算，报结果“……五十……”，最后个位4+1=5就不成问题了。报结果时声音略拖长一点，显得迅速准确而且从容不迫。

减法类似：要算6347−3582，照顾到百位不够减，从6−3=3预借1，报出“二千……”。下面的3−5按3+5算出8，照顾到后面不够减，报出“……七百……”，然后4−8按4+2=6，连7−2=5一同报出“……六十五”。

用笔算的方法由低位开始算，在整个过程中要记住全部已得到的结果，当然不利于心算。

两位数平方的速算

个位数是5的两位数的平方，有极简单的速算方法：把它的10位数加1与10位数相乘，后面写上25就行了。照这个办法，65^2的计算方法是(6+1)×6得42，后面添上25，即$65^2=4225$。又如，$25^2=625$，这个“6”是(2+1)×2得来的。

个位数小于5的两位数的平方也可以速算。其方法是：把这个两位数和它的个位数相加，再与它的十位数相乘，所得的积后面添上0，加上个位数的平方即可。例如：$43^2=(43+3)\times40+9=1840+9=1849$，$24^2=(24+4)\times20+16=560+16=576$。

个位数大于5的两位数的平方速算方法是：把这个两位数减去它的个位数的补数，乘上它的十位数与1之和，补0，加上个位数的补数的平方。例如：$37^2=(37-3)\times(3+1)\times10+9=34\times40+9=1369$，$98^2=(98-2)\times(9+1)\times10+4=9604$。

这些速算方法的道理何在呢？请看下列三个恒等式，它们依次说明了三种方法：

(1) $(10a+5)^2=100a^2+100a+25=100a(a+1)+25$，

(2) $(10a+b)^2=100a^2+20ab+b^2=10a(10a+2b)+b^2$，

(3) $(10a-b)^2=100a^2-20ab+b^2=10a(10a-2b)+b^2$。

这些方法也适用于三位或四位的数的平方计算。例如：

$195^2=100\times19\times(19+1)+25=38025$，

$208^2=200\times216+64=43264$，

$325^2=300\times350+25^2=105625$，

$486^2=500\times472+14^2=236000+196=236196$。

两位数乘法的速算

计算63×67，掌握了窍门的人能立即写出答案4221，这里"21"是两个个位数3与7之积，而42是$6\times(6+1)$，这个"6"是这两个数的公共的十位数字。类似地，$84\times86=7224$，这里$72=8\times$

$(8+1)$，而 $24=4\times6$。道理很简单：当 $b+c=10$ 时，有：

$$(10a+b)(10a+c)=100a^2+10a(b+c)+bc$$
$$=100a(a+1)+bc。$$

类似地，当 $b+c=10$ 时：

$$(10a+a)(10b+c)=100a(b+1)+ac,$$
$$(10b+a)(10c+a)=100(bc+a)+a^2。$$

于是，可以迅速算出：

$$66\times73=100\times6\times(7+1)+6\times3=4818,$$
$$36\times76=100\times(3\times7+6)+6\times6=2736。$$

如果 $b+c$ 比 10 略大或略小，可在上述计算的基础上略加调整，所用的公式是：

$$(10a+b)(10a+c)=100a(a+1)+bc+10(b+c-10)a,$$
$$(10a+a)(10b+c)=100a(b+1)+ac+10(b+c-10)a,$$
$$(10b+a)(10c+a)=100(bc+a)+a^2+10(b+c-10)a。$$

分别各举一例：

$$67\times64=100\times6\times(6+1)+7\times4+(7+4-10)\times6\times10$$
$$=4228+60=4288,$$
$$66\times74=100\times6\times(7+1)+6\times4+(7+4-10)\times6\times10$$
$$=4824+60=4884,$$
$$76\times46=100\times(4\times7+6)+6\times6+(7+4-10)\times6\times10$$
$$=3436+60=3496。$$

如果 $b+c=5$ 而 a 为偶数，也可以用类似方法速算。如：

$$83\times82=100\times8\times8+406=6806。$$

这里406的来历是$(8\div2)\times100+2\times3=406$。你能弄清其中的原因吗？试试用速算法计算$88\times32$，还有$38\times28$：

$$88\times32=100\times3\times8+2\times8+400=2816,$$

$$38\times28=100\times3\times2+8\times8+400=1064。$$

以此为基础，还能找出别的速算窍门。例如，当a与b相差为1、2，而$c+d=10$时计算$(10a+c)(10b+d)$，$(10c+a)(10d+b)$，$(10a+b)(10c+d)$，等等。

注意因数的重新组合，也常常可以实现速算，例如：

$$64\times25=16\times4\times25=16\times100=1600,$$

$$35\times48=(35\times2)\times24=70\times24=1680,$$

$$37\times63=(37\times3)\times21=111\times21=2331。$$

类似的办法不少，要靠你留神发现！

接近10、100、1000、10000的数的乘法速算

在计算998×997时，有人能不假思索地写出答案995006。是怎么算的呢？——先看出998与1000的差是2，从$997-2=995$，便得到前三位，再用2与997与1000的差的数3相乘，便得到后三位006。

这类速算窍门，来自等式：

$(10^m+a)(10^m+b)=10^m(10^m+a+b)+ab$。

这里a、b可正可负，也可以一正一负。注意到等式右端括号里的10^m+a本是原来的被乘数。只要把这个被乘数加上b，便得到积的前m（或$m+1$）位，a乘b前面补0，得到积的后m位。例：

$$16\times13=10\times(16+3)+3\times6=208,$$

$$96\times93=100\times(96-7)+4\times7=8928,$$

$$98\times104=100\times(98+4)-2\times4=10192。$$

$$113\times104=100\times(113+4)+13\times4=11752,$$

$$\begin{aligned}1098\times1096&=1000\times(1098+96)+98\times96\\&=1000\times1194+100\times(98-4)+2\times4=1203408,\end{aligned}$$

$$\begin{aligned}994\times1012&=1000\times(1012-6)+(-6)\times12\\&=1006000-72=1005928。\end{aligned}$$

设 $m>n$，你能不能从等式

$$(10^m+a)(10^n+b)=10^n(10^m+a+10^{m-n}b)+ab$$

出发，找到类似的速算方法?

如果一下子想不清楚，请看实例:

$$998\times94=100\times(998-60)+12=93812,$$

$$88\times32=100\times3\times8+2\times8+400=2816,$$

$$38\times28=100\times3\times2+8\times8+400=1064。$$

除法的速算

四则运算中除法最麻烦，速算也最不容易，但是也并非不能速算。

常用的方法之一是化除为乘。例如:

$$332\div25=332\div\frac{100}{4}=3.32\times4=13.28,$$

$$58\div5=58\div\frac{10}{2}=5.8\times2=11.6。$$

另一种方法是尽可能把除数分解成一位的因数，例如：

$$3456 \div 24 = (3456 \div 3) \div 8 = 1152 \div 8 = 144,$$

$$294 \div 28 = (294 \div 7) \div 4 = 42 \div 4 = 10.5。$$

还有一种除法速算方法，通常不受人注意。这个方法用于除数比100、1000、100000略小的情况。

例如，$5403897 \div 997$，速算的基本原理在于把997大致当成1000。在5403897里，一眼可以看出有5403个1000，也就是至少有5403个997，因而5403是商的主要部分。考虑到$1000 = 997 + 3$，可见5403897中去掉5403个997之后，余下的数是$5403 \times 3 + 897 = 16209 + 897$。下一步再问：在$16209 + 897$里有多少个997？再把997粗看成1000，又找出16个997，余下的是$16 \times 3 + 209 + 897 = 1154$，1154里有1个997，余下157。结果，商是$5403 + 16 + 1 = 5420$，余数是157。这个过程用式子表示，可以简单地写成：

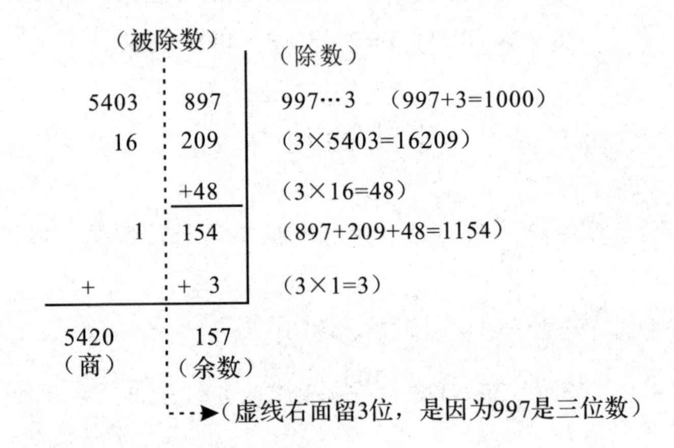

第五章 对数、算尺与算图

用尺子算加减法

把两把同样的带有刻度的直尺相对放置，如图所示：

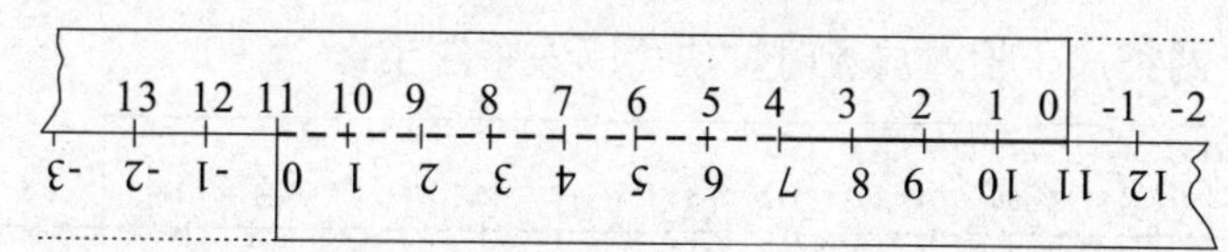

这就成了一副简单的加法计算器。当一把尺子上的4和另一把尺子上的7相对时，尺子端点的0正好对着11，这就告诉你，4+7=11。

道理很简单：看上尺，粗黑线的长度是4厘米；看下尺，粗虚线的长度是7厘米；两段接起来，恰好是一根尺子的端点0所对的另一根尺子上的刻度所指示的长度——11厘米！

还可以从另一个观点来看它：当你的注意力从上尺的4向左移一厘米时，上尺的刻度加1变成5，而下尺刻度却减1变成6，这说明4+7=5+6。再把注意力往左移，5+6=6+5=7+4=8+3=9+2=10+1=11+0。

注意力移到了下尺的端点，答案也就有了11+0=11。能算加法，也就能算减法。把上尺的11对着下尺的0，这时7对着4，说明

$11-7=4$。

如果尺子上毫米刻度很清楚，你的眼力又好，便可以用这副“计算器”计算百以内的加减法。尺子越长，刻度越细，能算的数越多。如果从0的一端把尺子延长，添上负刻度，就能计算正负数的加减法了。

尺子也能做乘除法

还是那两把尺子，不过刻度上的数字要改一改：0改成1，1改成2，2改成4，3改成8，4改成16……总之，尺子长一格，数字加一倍。两把尺子相对放置时，便可以做乘法了：

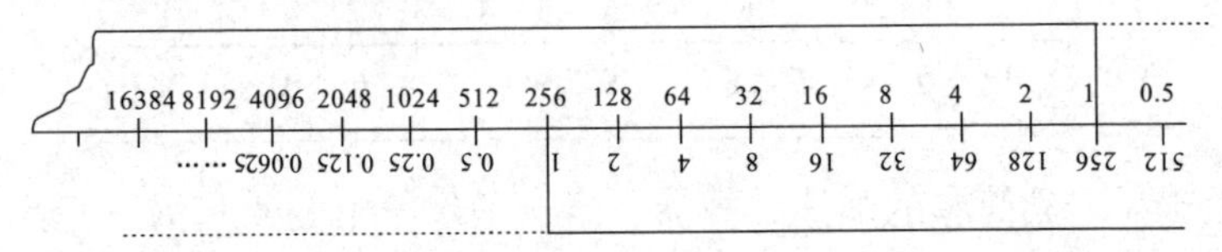

要算 8×32，你把上尺的32对着下尺的8，下尺端点的1便对着上尺的256。这告诉你，$8\times32=256$。

如果你仔细看看，便会发现：尺子还告诉你，4×64，2×128，都得256。要是把尺子从端点“1”处延长，每延长一格，刻度减半，刻上0.5，0.25，0.125，尺子还告诉你 512×0.5，1024×0.25，…都得到同一个答案：256。

道理很简单：你把目光盯着上尺的32处，这时下尺是8。目光向左移一厘米，32加倍成为64，8减半成为4。因为：

$$32\times8=32\times\left(2\times\frac{1}{2}\right)\times8$$

$$=(32\times2)\times\left(\frac{1}{2}\times8\right)=64\times4。$$

所以目光左移时上下数字乘积不变。再左移，再左移，乘积还是不变，也就是 $32\times8=256\times1=256$。

能算乘法，也就能算除法。把 1 对着 256，32 正好对着 8，这说明 $256\div32=8$。

但是，尺子上没有 3，也没有 5，想算 3×5 该怎么办呢?

对数的发现

在前一节中，为了用尺子计算乘除法，我们在直尺上刻了一排数字

$$1，2，4，8，16，32，64，256，512，\cdots$$

这排数字的特点在于，它们是同一个数——2 的自小而大的方幂:

$$2^0=1，2^1=2，2^2=4，2^3=8，2^4=16，\cdots$$

为了计算 8×32，利用 $8=2^3$，$32=2^5$ 可得

$$8\times32=2^3\times2^5=2^{3+5}=2^8=256。$$

而最后一步 $2^8=256$，是预先算好了的。

可见，如果把许多数都表示成同一个数的方幂，这些数之间的乘除法便可以化为加减法。

当我们选用 2 的整次幂时，数串 1，2，4，8，…中间的间距太大了，从 8 到 16 一下跳过了 7 个整数，想算 13×14，就不能像 8×32 那样。为了克服这个困难，就用一个比 1 略大一点点的数代替 2。

例如，取 $q=1.0001$ 来代替 2。花些力气把 q 的各次乘幂算出来，从 $q^1=1.0001$ 依次算到 $q^{23027}=9.9999988\approx 10$，这些数

$$q^1, q^2, q^3, \cdots, q^n, q^{n+1}, \cdots$$

一个一个是离得很近的。只要 $n<23027$，便有

$$0<q^{n+1}-q^n<(q-1)q^n<0.0001\times 10=0.001。$$

因此，对于 1 到 10 之间的任一个数 A，都能从这些 q^n 中找出一个，使它和 A 的差的绝对值不超过 0.0005，也就是达到四位有效数字。例如：

$2.0000=q^{6932}$，　　$2.5\approx q^{9163}$，

$3.0001=q^{10987}$，　　$3.7\approx q^{13084}$，

$4.0001=q^{13864}$，　　$4.4\approx q^{14817}$，

$5\approx 4.9999=q^{16095}$，　　$5.6\approx q^{17229}$，

$6\approx 5.9997=q^{7918}$（或 $6.0003=q^{17919}$），

$7\approx 6.9999=q^{19460}$，

$8\approx 7.99969=q^{20795}$（或 $8.0004=q^{20796}$），

$9\approx 8.9997=q^{21973}$。

有了这样一些 q^n 的数据表，便可以化乘除为加减。如：

$$2.5\times 3.7=q^{9163}\times q^{13084}=q^{9163+13084}=q^{22247}。$$

因为 $22247<23027$，从表上可以查到 $q^{22247}=9.250$（取四位有效数字），确实，$2.5\times 3.7=9.25$。

在等式 $9.250=q^{22247}$ 中，通常称 9.250 为真数，$q=1.001$ 叫做底，22247 叫做以 q 为底时 9.250 的对数。在编好了供查用的 q^n 的表中，q 略而不写，只要把真数与它的对数对应起来就行了。这样的表就叫做对数表。

世界上的第一张对数表是纳皮尔（J. Napier，1550 ~ 1617，苏格兰人）于1594年编制成功的。为了这项工作，据说他耗费了20年的心血。对数的发明使当时的天文学家们万分欣喜。用对数帮助计算，使他们从枯燥而易出错的手算中解脱出来。

在上述的以 $q=1.0001$ 的对数表里，如果要查比10大的真数的对数（或比1小的真数的对数）是不能直接查到的，不过可以间接地查。例如：

$$37=10\times 3.7=q^{23027}\times q^{13084}=q^{36111}。$$

这样一来，10的对数23027就要常常用到。能不能设法让10的对数变得简单一些呢？容易得很：只要把每个数的对数都用23027除一下就行了。这时，10的对数变成了1。这样的对数表，就是后来通用的常用对数表。常用对数表实际上是以10为底的对数表。

对数表出现100多年之后，数学家把幂指数的概念扩展到分指数和无理指数，并且明确地规定，如果 a 是不等于1的一个正数，x 和 y 之间有关系式

$$y=a^x$$

时，x 叫做 y 的以 a 为底的对数，用记号

$$x=\log_a y$$

表示。当 $a=10$ 时，$\log_{10} y$ 记作 $\lg y$，称为常用对数。当 $a=\mathrm{e}=2.71828\cdots=\lim\limits_{n\to+\infty}\left(1+\dfrac{1}{n}\right)^n$ 时，$\log_{\mathrm{e}} y$ 记作 $\ln y$，称为自然对数。（关于e，请参看第七章“洗衣服与平均不等式”一节。）

现在，电子计算器普遍使用，用对数帮助计算已没有太大的实际意义。但是数量之间的对数关系、指数关系，仍然在各种科技问

题与自然现象中扮演着重要的角色。

形形色色的算图

墙上挂的温度计，刻有两列标度。左边是摄氏温标，右边是华氏温标。摄氏 30 度相当于华氏 86 度，一望便知。温度计上的两列标度形成了一种换算温度的算图。

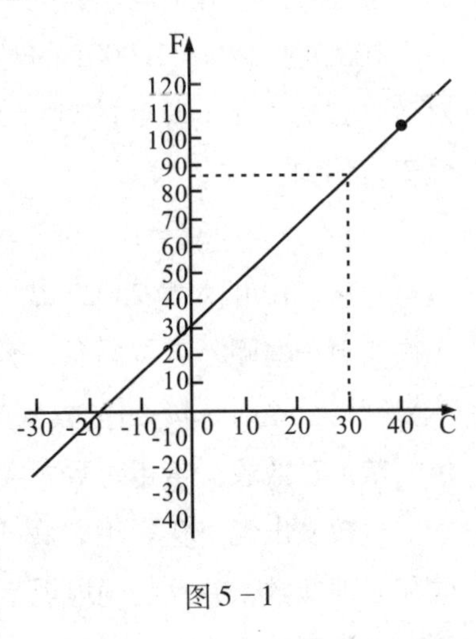

图 5－1

摄氏温度 C 与华氏温度 F 之间的关系是 $F=\frac{9}{5}C+32$，也可以利用方格纸上的一条直线来构成温度换算的算图：图 5－1 中横轴上标出摄氏度而纵轴上是华氏度。从 30 ℃的位置向上引垂线，碰到斜线后沿水平方向可以找到对应的 86 ℉。画这条斜线很简单：只要利用 0 ℃相当于 32 ℉，以及 40 ℃相当于 104 ℉，便能确定斜线上的两点。

公式

$$\frac{1}{a}+\frac{1}{b}=\frac{1}{c}$$

在物理学里有好几个用处。如果 a、b 是两个电阻值，c 便是这两个电阻并联后的电阻值。如果 a、b 是两个电容值，c 便是串联后的电容值。如果在凸透镜成像时，a 和 b 分别是物距与像距，c 便是透镜的焦距。

有一个简单的算图，可以从 a、b 求出 c 来。在方格纸上取定纵轴与横轴，从交点 O 处在两轴上画出单位相同的标度。再画出两轴交角的角平分线 OP，OP 上的标度与纵轴上的标度在同一水平线上。横轴上取一点 A，让 $AO=a$，纵轴上取一点 B，让 $BO=b$。当一根直尺经过 A、B 两点时，直尺与 OP 的交点 C 的标度就是所要求的 c。例如：$a=12$，$b=8$，$c=4.8$（如图 5-2）。

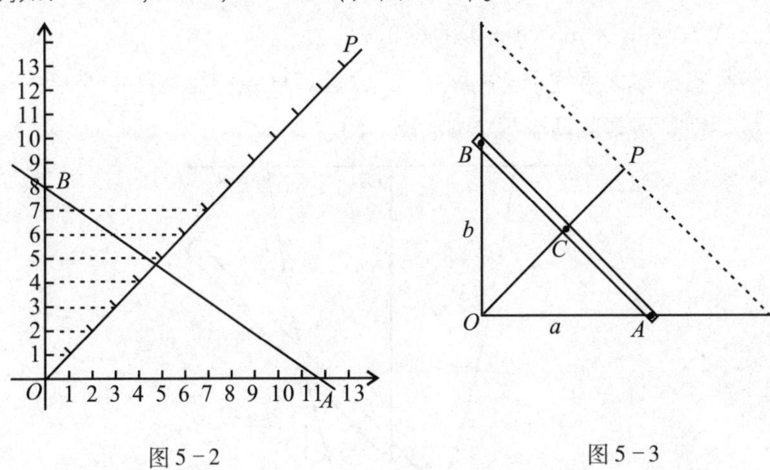

图 5-2　　图 5-3

道理很简单：如图 5-3，从 $\triangle AOC$ 面积 + $\triangle BOC$ 面积 = $\triangle AOB$ 面积

得到 $\frac{1}{\sqrt{2}}a\cdot OC+\frac{1}{\sqrt{2}}b\cdot OC=ab$，同用 $\frac{a\cdot b\cdot OC}{\sqrt{2}}$ 除得 $\frac{1}{a}+\frac{1}{b}=\frac{\sqrt{2}}{OC}$，而 $\frac{OC}{\sqrt{2}}$ 正是 C 在 OP 上的标度。

如图 5-4，在半径为 1 的半圆里，画一个直径为 1 的圆。半圆的圆心处钉个钉子把一根直尺的一端固定。半圆上标出能测量尺子与直径夹角的记号。设尺子与小圆又交于 B，则 $OB=\sin A$，在 B 处的标度告诉我们角 A 的正弦的近似值。

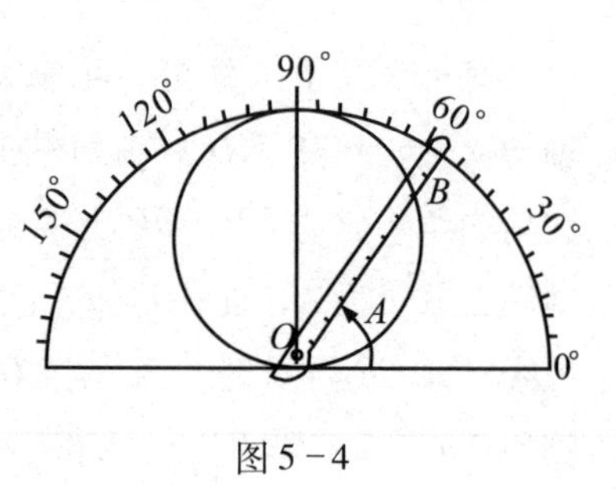

图 5－4

有一种算图可以用来求二次方程的实根的近似值：在直角坐标系里预先画好一根抛物线 $y=x^2$。当要求二次方程 $x^2+px+q=0$ 的根时，用一根直尺放大直线 $y=-px-q$ 的位置。直线和抛物线的交点的横坐标，便是所要的两个根（如图 5－5）。

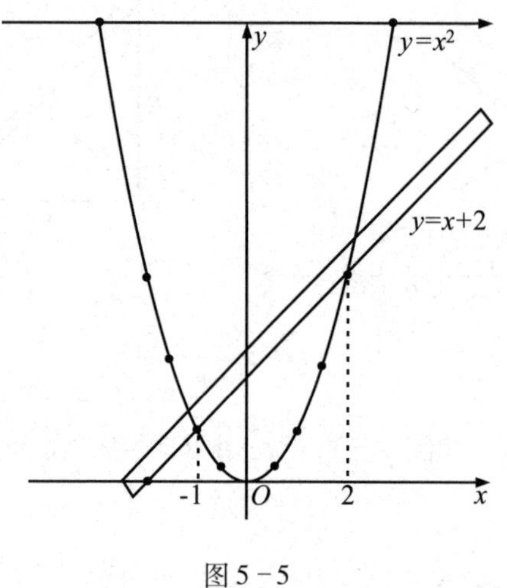

图 5－5

图算法的优点是方便、快捷、少花钱甚至不花钱，缺点是要预先制图，精确度也不很高。如果你要经常用某个公式作计算，而且精度要求只要 2～3 个有效数字，图算法是很适用的。

第六章　恒等式与方程

等式不一定真的相等

等式好比天平。天平不一定是平的，要看两边放的东西重量是不是一样；等式不见得两边都相等，要把两边的数值算出来看看。两边一样，这个等式就是真的，或者说等式成立；两边不一样，这个等式就是假的，或者说等式不成立。

如果告诉你，天平的一边放了 3 颗螺丝钉，另一边放了 6 克的砝码，天平是不是平的呢？你一定会反问：一颗螺丝钉究竟有多重？螺丝钉重量是未知数时，就无法肯定天平是不是平的。同样的道理，如果等式的两端或一端出现了未知数，等式成立还是不成立，就要看未知数取值是多少了。

这种含有未知数的等式，叫方程。

有时，尽管不知道天平上放的螺丝钉有多重，仍然能断定天平是平的。比如：天平两端都放上 3 颗一样重的螺丝钉，尽管一颗螺丝钉的重量是未知数，我们仍知道天平是平的。同样的道理，也有这样的方程：不管其中的未知数取什么值，它都是真的等式。这种特殊的方程，叫恒等式。例如：

$$(x^2-1)=(x+1)(x-1),$$
$$(x+y)^2-(x^2+2xy+y^2)=0,$$
$$(1-x)(1+x+x^2+x^3+x^4)=1-x^5。$$

都是恒等式。恒等式是一些特殊的方程。当我们肯定了某个方程是恒等式时，就不再叫它方程而明明白白地叫它恒等式了。这好比，孩子称陌生的大人为叔叔阿姨。可是当他知道这位陌生人其实是他的老师之后，他就称老师而不称叔叔阿姨了。

方程还有另一个极端情形：不论未知数取什么值，它的两端都不会相等。这种方程叫矛盾方程或无解方程。例如：方程 $x=x+1$ 是矛盾方程。如果限制 x 只能取实数值，$x^2+1=0$ 也是矛盾方程。

通常遇到的方程，未知数取某些值时它成为真的等式，取另一些值时它是假的等式。使它成为真的等式的未知数的取值，叫做方程的解。解方程，就是找出方程的所有的解。

千变万化的0

孙悟空有七十二变，而0的变化却是无穷无尽的：可以用 $3-3$，$4-4$，$5-5$，…来表示0，也可以用 $\log_2 1$，$\lg 1$，$\ln 1$ 来表示0。把任何一个恒等式的右端用移项的办法移到左端，使右端成为0，便得到了0的一种表现形式。例如，从 $(x-y)^2=x^2-2xy+y^2$，便可以知道 $(x-y)^2-(x^2-2xy+y^2)$ 是0的一种表现形式。因为恒等式里的 x、y 又可以取各种各样的值，这一种表现形式其实蕴含了0的一类无穷多种更具体的表现形式。数学里丰富多彩的恒等变换，都可以看成0的千变万化。

方程，通常总是把所有的项都移到等号的左边，右边只留下一个0，找到了方程的一个解，代进去，也就得到了0的一种表现形式。方程右边弄成0，有一明显的好处：把左端分解成几个因式的乘积时，其中有一个因式等于0，才能使等式成立，这样就可以把方程化简。

不要以为把0写成3-3或5-5没有什么意思，解二次方程的配方法正是利用了0的这种形式。例如：解方程 $x^2-4x+1=0$，可以化成

$$x^2-4x+1=x^2-4x+4-4+1=(x-2)^2-3=0。$$

又如让你把1分成10个分子为1分母小于100的分数之和，而且10个分数分母不同，怎么分？硬凑是不容易见效的。利用0的变形却容易得到：

$$1=1-\frac{1}{2}+\frac{1}{2}-\frac{1}{3}+\frac{1}{3}-\frac{1}{4}+\frac{1}{4}-\frac{1}{5}+\frac{1}{5}-\frac{1}{6}+\frac{1}{6}-\frac{1}{7}+\frac{1}{7}-\frac{1}{8}+\frac{1}{8}-\frac{1}{9}+\frac{1}{9}-\frac{1}{10}+\frac{1}{10}$$

$$=\frac{1}{2}+\frac{1}{6}+\frac{1}{12}+\frac{1}{20}+\frac{1}{30}+\frac{1}{42}+\frac{1}{56}+\frac{1}{72}+\frac{1}{90}+\frac{1}{10}。$$

鸡兔同笼与二元一次方程

“鸡兔同笼”是一种流传很广的算术题。例如：“鸡兔同一笼，头数一十七，看脚五十六，问有几只鸡？”在你还没学过代数，不会列方程的时候，可以这样想：如果全是兔，17只兔应当有 $17\times4=68$ 条腿。现在只有56条，比68少了12条，是因为有鸡。有一只

鸡，就少两条腿，多少只鸡才能少12条腿？$12\div2=6$，鸡有6只！

用这种分析问题的方法，加上一点幻想，能够找出一般的二元一次联立方程的解法。在方程组

$$\begin{cases}ax+by=A,\\cx+dy=B\end{cases}$$

里，设$ax=J$（鸡），$by=T$（兔），代入原方程之后，就得到（设$ab\neq0$，否则更容易求解了）：

$$\begin{cases}J+T=A,\\\frac{c}{a}J+\frac{d}{b}T=B。\end{cases}$$

按“JT同笼”的思路分析：J和T共有A只，每只“J”有$\frac{c}{a}$条“腿”，每只“T”有$\frac{d}{b}$条“腿”。如果没有J，则共有A只T，故“腿”应当有$\frac{d}{b}A$条，现在只有B条“腿”，“少”了$\left(\frac{d}{b}A-B\right)$条，是因为里面有$J$。有一个$J$，就少$\left(\frac{d}{b}-\frac{c}{a}\right)$条腿，多少$J$才能少$\left(\frac{d}{b}A-B\right)$条腿呢？当然用除法：

$$J=\left(\frac{d}{b}A-B\right)\Big/\left(\frac{d}{b}-\frac{c}{a}\right)。$$

再用$J=ax$求出

$$x=\frac{Ad-Bb}{ad-bc},\ y=\frac{Ba-Ac}{ad-bc}。$$

事实说明：特例里面能引申出解决一般问题的方法。

用消元法解多元一次方程组

中学课程里讲了二元一次方程组和三元一次方程组。在科技领域里经常要遇到求解多元一次方程组（也叫线性方程组）的问题。所用的方法、思想和中学里学的消元法是一致的。

用消元法解多元一次方程组，最早是中国古代数学名著《九章算术》里提出来的。《九章算术》成书最迟也在公元 1 世纪（东汉初期），而在印度，到公元 6 世纪才出现解多元一次方程组的消元法。至于欧洲，则是 16 世纪的事了。

不论有多少个未知数和多少个一次方程联立，你耐心地一个一个地把未知数消去就是了。取一个含 x_1 的方程，把 x_1 用其他未知数的一次式表示出来，即解出来。把 x_1 的这个表达式代到另外的所有方程里。这就消去了 x_1，并且方程也少了一个。这样进行下去，可能有下列几种情形发生:

（1）过程中出现了矛盾方程，这说明原来的方程组无解，这叫做“不相容”。

（2）过程中不出现矛盾方程。但是最后剩下一个含有多于一个未知数的方程，未知数消不完了，怎么办？这说明原来的方程有无穷多组解。例如，消到最后剩下一个方程

$$2x_8-3x_9+5x_{10}=7$$

时，你任意给 x_9，x_{10}（或 x_8，x_9；或 x_8，x_{10}）两个值，把 x_8（x_{10}，x_9）再求出来，回代到前面 x_7，x_6，x_5……等的表达式中，便得到一组解。因为 x_9，x_{10}取值的方式有无穷多种，所以有无穷多解，这样

的方程组叫不定方程组。

(3) 过程中不出现矛盾方程，每次恰好消去一个未知数，最后剩下一个一元一次方程。这时原方程组有唯一的一组解。这是我们最希望的情形。

(4) 过程中不出现矛盾方程，最后剩下一个一元一次方程。但是在消去过程中有时一次就消去了两个或更多的未知数，这也是不定方程。因为莫名其妙地消失了的未知数可以任意取值。

现代，复杂的经济规划问题或科技攻关中，常常要求解上万个变元的一次方程组，用电子计算机求解这种大型方程组时，通常用的就是消元法。

用二元一次方程解一元二次方程

中国三国时期的数学家赵爽，在世界上最早提出了二次方程求根公式。但我们不知道他是怎样推导的。下面是一个别致的推导方法:

设二次方程 $x^2+px+q=0$ 有两个根 x_1 和 x_2，用根与系数的关系

$$\begin{cases} x_1+x_2=-p, & (1) \\ x_1x_2=q, & (2) \end{cases}$$

利用恒等式 $(x_1-x_2)^2=(x_1+x_2)^2-4x_1x_2$，得 $(x_1-x_2)^2=p^2-4q$，因而得

$$x_1-x_2=\pm\sqrt{p^2-4q}。 \quad (3)$$

把 (1) 与 (3) 联立，可求出 x_1、x_2。这就把二元一次方程转化成了一元二次方程。

卡丹公式的故事

二次方程求根公式，人们早已知道了。又过了一千多年，直到16世纪，数学家才找到了三次方程的求根公式。公式首次发表在一本名为《大法》(或译作《重要的艺术》)的书里。书的作者是意大利的数学家卡丹（J. Cardan，1501～1576），因而被称为卡丹公式。

实际上，首先发现这个公式的是另一位同时代的意大利数学家塔塔里亚（Tartaglia，1499～1557）。塔塔里亚本来名叫方塔纳。他儿时在法国人侵入意大利的战争中被一个法国兵砍伤脸部而留下了终生口吃的后遗症因而被叫做塔塔里亚（口吃者）。悲惨的遭遇与穷苦的生活，并没有湮灭这个孩子的数学才能。他刻苦自学，勤奋思考，在一些数学竞赛中崭露头角。1535年，有一位名叫菲俄(A. M. Fior)的数学家，自以为掌握了三次方程的解法而向包括塔塔里亚在内的当时的数学家挑战，提出了30个三次方程要对手解决。塔塔里亚起而应战，在规定时限之前找到了解三次方程的奥秘，从而迅速地解出了30个方程。而提出挑战的菲俄，却在塔塔里亚提出的一些三次方程面前束手无策。塔塔里亚一举成为意大利的著名数学家。

卡丹恳切地再三请求塔塔里亚告诉他三次方程的解法并发誓保守秘密。最后，塔塔里亚把自己的方法写成一首诗谜告诉了卡丹。卡丹解开了这个诗谜，找到了塔塔里亚的求根公式，并且补足了推导的过程。他没有遵守自己的誓言，在《大法》一书中公布了这个解三次方程的方法。不过，他并没有把这个公式的发现归功于自己，他承认是塔塔里亚把这个方法告诉他的，而他自己则给出了证明。塔塔里亚因此对卡丹提出强烈的抗议，并为此和卡丹的学生费拉里（L. Ferrari，1522 ~ 1565）进行过一次激烈的然而毫无结果的公开辩论。

用现在的符号，卡丹公式可这样推导：

设要解的三次方程是

$$ax^3+3bx^2+3cx+d=0\ (a\neq0), \tag{1}$$

作变换 $x=y-\dfrac{b}{a}$，可以把（1）变成：

$$y^3+3py+2q=0\ \left(p=\frac{c}{a}-\frac{b^2}{a^2},q=\frac{b^3}{a^3}-\frac{3}{2}\cdot\frac{bc}{a^2}+\frac{d}{2a}\right)。 \tag{2}$$

再作变换 $y=u-\dfrac{p}{u}$，得

$$(u^3)^2+2qu^3-p^3=0。 \tag{3}$$

利用二次方程求根公式得

$$u^3=-q\pm\sqrt{q^2+p^3}, \tag{4}$$

代入（3），整理之后得：

$$y=\sqrt[3]{-q+\sqrt{q^2+p^3}}+\sqrt[3]{-q-\sqrt{q^2+p^3}}。 \tag{5}$$

在（5）中，两个三次方程根的选取法应当使二者之积为 $-p$。

在卡丹的《大法》一书中还公布了四次方程的解法。这是他的学生费拉里的成果。设要解的方程是

$$x^4+bx^3+cx^2+dx+e=0, \tag{6}$$

对前两项配方得：

$$x^2\left(x+\frac{b}{2}\right)^2-\frac{b^2x^2}{4}+cx^2+dx+e=0。 \tag{7}$$

引入待定变量 y，对第一项用 $\left(x^2+\frac{bx}{2}\right)y+\frac{1}{4}y^2$ 配方，把其余各项移到右端，得：

$$\left[\left(x^2+\frac{bx}{2}\right)+\frac{1}{2}y\right]^2=\frac{b^2x^2}{4}-cx^2-dx-e+\left(x^2+\frac{bx}{2}\right)y+\frac{1}{4}y^2$$

$$=\left(\frac{b^2}{4}-c+y\right)x^2+\left(\frac{by}{2}-d\right)x+\frac{1}{4}y^2-e。\tag{8}$$

上式左端已经是完全平方了。适当取 y 使右端也是完全平方式。为了这个目的，只要使右端作为 x 的多项式其判别式为 0，即：

$$\left(\frac{by}{2}-d\right)^2-4\left(\frac{b^2}{4}-c+y\right)\left(\frac{1}{4}y^2-e\right)=0。\tag{9}$$

这个（9）式是 y 的三次方程。由它解出 y 代入（8），两端开平方，得到两个关于 x 的二次方程，问题就解决了。

两位早逝的天才——阿贝尔与伽罗瓦

人们找到了一次、二次方程的求根公式，又找到了三次、四次方程的求根公式，当然想要进一步去找寻五次以及更高次的方程的求根公式；已找到了的一、二、三、四次方程的求根公式里，用到了四则运算和开方；自然，大家想利用 +、−、×、÷ 以及根式，也应当能组织成求五次方程根的公式。于是，许多有才能的数学家，都致力于寻求这样的公式。

但是，从 16 世纪找到三次和四次方程的求根公式以后，两百多年过去了，仍然找不到五次方程的求根公式。数学家在这个方向上的努力似乎毫无成效。渐渐地，有人从反面想问题了：是不是根本没有这样的公式呢?

当时著名的数学家拉格朗日认为，用根式解四次以上的方程是不可能的。可是他无法证明这一点，他认为这个问题十分困难，因而说:“它好像是在向人类的智慧挑战!”挪威的一位青年数学家阿贝尔（N. Abel，1802~1829)，接受了这一挑战。还在学生时代，他就显示出非凡的数学才能。开始，他也想找出五次方程的求根公式，很快他认识到应当转而向反面探讨。经过两年的勤奋工作，他证明了一个使当时数学家们大吃一惊的定理:“五次和高于五次的一般方程，它们的根不能从方程系数出发用四则运算与根式表出。”

但是，某些特殊的高次方程，它的根还是能用四则运算与根式表出的。例如方程 $x^{2n}+px^n+q=0$ 的根就可以表成形式

$$x=\sqrt[n]{\frac{-p\pm\sqrt{p^2-4q}}{2}}。$$

那么，具体给了一个方程，它的根能不能从它的系数经过四则运算与根式表出呢?这是一个更复杂、更细致的问题。阿贝尔没有来得及彻底解决这个问题。在贫病交迫中，他于1829年过早地逝世，当时还不到27岁。

阿贝尔在数学领域还有另一些重要的贡献。他提出了一系列的新概念，开辟了新的数学园地。有一位著名的数学家说，他留下的思想，可供数学家们工作150年!

为纪念阿贝尔的出色成就，在挪威首都奥斯陆的皇家公园里，为他竖立了一座纪念碑。碑的底座上是阿贝尔的雕像。雕塑家把阿贝尔象征性地塑成一个年轻的裸体力士，力士的脚下踏着两个被打倒的人的雕像。也许，这两个雕像一个代表高次方程的根式解法问

题，另一个代表“椭圆函数论”吧！这是阿贝尔最突出的两大数学贡献。

阿贝尔去世的那一年即1829年，法国有一位17岁的青年伽罗瓦（E. Galois，1811～1832），他向法兰西科学院呈交了两篇关于用根式解方程的论文。论文被科学院院士柯西弄丢了。第二年，他又重写了一篇，文章被送给另一位数学家富利埃，之后不久，富利埃去世了，文章下落不明。第三年，他又写了一篇，交给数学家布阿松，布阿松认为难以理解退还给他。又过了一年，到了伽罗瓦生命的最后一年，他在一次决斗的前夜，匆匆地起草一份说明，托给一个朋友。第二天，他在决斗中死去，年仅21岁！

在伽罗瓦的那几篇被一再丢失而不被理解的论文里，不但彻底解决了什么样的代数方程才有根式解的问题，而且提出了“群”的概念。群在代数、几何、物理、化学等许多学科中有重要的应用。但是，只是在伽罗瓦死去四十多年之后，他的辉煌成就才开始为数学家们所理解，所承认。1846年，法国数学家刘维尔整理出版了伽罗瓦的部分文章。1870年，另一位法国数学家若当出版了一本专著，第一次全面而清楚地介绍了伽罗瓦的理论。

伽罗瓦在政治上是激进的共和派。他积极投身革命运动，与当时的法国反动政府作不调和的斗争。因此，他一度被学校开除，两次被捕，身心饱受摧残。在这暴风雨般的短促一生中，他没有足够的时间和良好环境把自己的理论写得更清楚、更易于为人们理解，这是应当谅解的。

求代数方程根的数值方法

高次方程没有求根公式。其实，三次和四次方程虽然有求根公式，解实际问题时人们也不用它，因为太麻烦了。即使不麻烦，像二次方程那样，用公式求根要遇到开方，最终也只能算出一个近似值。那么，对于具体给出了系数的方程，不如干脆去计算根的近似值。这叫数值方法。

早在1247年，中国南宋的大数学家秦九韶，在《数书九章》中就提出了解高次方程的数值方法。现在，有多种多样的数值求根方法在电子计算机上应用。秦九韶法也仍然没有失去它的价值。

如果你会进行多项式的综合除法，马上就能学会求高次多项式根的一种数值方法：设要解的方程是

$$f(x)=x^n+a_1x^{n-1}+a_2x^{n-2}+\cdots+a_n=0,$$

任取一个数 a，取一个较大的整数 k，用 $f(x)$ 去除 $(x-a)^k$，得余式

$$R_k(x)=b_{0,k}x^{n-1}+b_{1,k}x^{n-2}+\cdots+b_{n-1,k}。$$

如果 $f(x)=0$ 的几个根里面有一根 x_* 离 a 最远，那么 $\left(\frac{b_{1,k}}{b_{0,k}}-a_1\right)$ 便是 x_* 的近似值。k 越大，越近似。此外，$\left(-\frac{b_{0,k}}{b_{n-1,k}}\cdot a_n\right)$ 也是 x_* 的近似值。

用一些简单的变换，可以大大减少计算量而加快计算速度。

如果 x_0 是根 x_* 的一个近似值，用 $(x-x_0)^2$ 除多项式 $f(x)$ 得：

$$f(x)=Q(x)(x-x_0)^2+m(x-x_1)。$$

两端用 x_* 代入，得到：

$$x_1 - x_* = \frac{Q(x_*)}{m}(x_* - x_0)^2。$$

如果 $(x_* - x_0)$ 的绝对值很小，那么 $(x_* - x_0)^2$ 就比 $|x_* - x_0|$ 小得多。具体说，要是

$$\left|\frac{Q(x_*)}{m}(x_* - x_0)\right| < 1,$$

那 $|x_1 - x_*|$ 就比 $|x_0 - x_*|$ 小，这表明 x_1 是 x_* 的更好的近似值。

计算实例：

要求方程

$$f(x) = x^5 + 4x^4 - 6x^3 - 3x^2 + 8x - 10 = 0$$

的离 0 最远的根，也就是绝对值最大的根。用 $f(x)$ 去除 x^8：

对应于我们讲的方法，$k = 8$，

$$R_k(x)^* = 548x^4 - 546x^3 - 543x^2 + 1092x - 1090。$$

可见 $b_{0,k} = 548$，$b_{1,k} = -546$，$a_1 = 4$，而

$$\frac{b_{1,k}}{b_{0,k}} - a_1 = \frac{-546}{548} - 4 \approx -4.996。$$

因为 $b_{n-1,k} = -1090$，$a_n = -10$，用另一个公式：

$$-\frac{b_{0,k}}{b_{n-1,k}} \cdot a_n = \frac{548}{1090} \cdot (-10) \approx -5.03。$$

所求出的 -4.996 或 -5.03 是不是 $f(x)$ 的绝对值最大的根的近似值呢？实际上：

$$f(x) = (x+5)(x^2-2)(x^2-x+1),$$

它的绝对值最大的根 $x_* = -5$。

地下水管的检修与方程求根

1000 米长的地下水管发生了故障，东头有水，西头却没水了。检修工人要把埋水管的地面挖开，排除故障。从头开始，一米一米地查，是个笨办法。他们通常是先挖开 500 米处的地面检查。如果有水，说明故障在西半段；没水，故障在东半段。剩下的工作是在 500 米长的范围内检查。再在 500 米的中点查一次，剩下 250 米。再查一次，剩下 125 米，64.5 米，32 米，16 米，8 米。总共挖开 7 个地方，就把可能发生故障的范围缩小到 8 米以内，比一米一米地顺次挖开高明得多。

检查电线故障，也可以用类似的办法。

用这个办法，可以求方程的实根。比如有了一个方程 $x^3-3x^2+5x-2=0$，我们试着把某个值 $x=1$ 代进左边去，算出来是 1，大于 0。再把 $x=0$ 代进去，算出来是 -2，小于 0。想当然，在 0 和 1 之间它应当有个根。再把 $x=\frac{1}{2}$代进去，得$\frac{1}{8}-\frac{3}{4}+\frac{5}{2}-2<0$。可见在$\frac{1}{2}$到 1 之间有根。再把$\frac{1}{2}$和 1 的平均数$\frac{1}{2}\left(1+\frac{1}{2}\right)=\frac{3}{4}$代进去，结果是正的，可见在$\frac{1}{2}$到$\frac{3}{4}$之间有根。这样每代一次，根的范围缩小一半，即误差减少一半。很快可以得到根的相当准确的近似值。

这种求根方法叫对分法。方程左端不是多项式时也能用，然而左端的值要能随 x 连续变化，不能跳跃。对分法求根，步骤简单，易于理解，适用范围广，是电子计算机上常用的一种求根方法。

代数基本定理与数学王子高斯

一开始我们只有自然数。求解代数方程，能使数的家族越来越大。

为了解方程 $x+2=0$，必须有 -2，也就是要有负数。为了解方程 $7x=5$，必须有$\frac{5}{7}$，也就是要有分数。为了解二次方程 $x^2-2=0$，必须有$\sqrt{2}$。$\sqrt{2}$ 不是有理数，这就要引入无理数。为了解方程 $x^2+1=0$，必须有 $\sqrt{-1}$，这就引入了复数。

正系数的方程，根可能不是正数。整系数的方程，根可能不是整数。有理系数的方程，根可能不是有理数。

但是，复系数代数方程，它的根还是复数。利用代数方程，没法使复数家族增加新成员了。这叫做“复数系统的代数封闭性”。封闭，大门关了，不欢迎新成员了。

“复系数的代数方程一定有根，这个根可能是实数，也可能是复数”。这叫做代数基本定理。这个定理是德国数学家高斯（C. Gauss, 1777～1855）在21岁时证明的，也叫高斯定理。

高斯不但有惊人的数学天赋，还有坚韧不拔的毅力，不断地刻苦思考的习惯。他是一个泥瓦工的孩子，自幼过着艰苦的生活，终生保持着勤劳俭朴的高尚品格。

高斯18岁进了大学。这一年他发明了在统计学里很有用的“最小二乘法”。第二年，19岁的高斯发现了正十七边形的作图方法。要知道，这是平面几何作图方面两千多年来的最大进展啊！从此，高斯矢志献身于数学。

高斯在数论、微分几何、代数、复变函数论等许多数学分支都做了开创性的工作。他兴趣广泛，重视实际应用。他在天文学、电磁学、大地测量等多个领域也都有重要贡献。在他的笔记本上，还有许多没有发表的卓越见解。

高斯勤恳地孜孜不倦地工作，直到去世。他的贡献得到广泛的敬佩，人们称他为“数学王子”。

按照高斯的遗志，他的墓碑的座石是正十七边形的柱体。这是对他少年时代的重要贡献——正十七边形尺规作图——的永久的纪念。

贾宪三角

每个中学生都知道恒等式

$(x+y)^2=x^2+2xy+y^2$,

$(x+y)^3=x^3+3x^2y+3xy^2+y^3$，那么 $(x+y)^4$、$(x+y)^5$、$(x+y)^{10}$……又该怎么展开呢？有一个非常方便的图解方法：如右图，看看这个由数字排成的宝塔。它从最上面的1开始，一行比一行多一个数。边上都是1。每行相邻两数之和写在下一行，可以一行一行写下去。

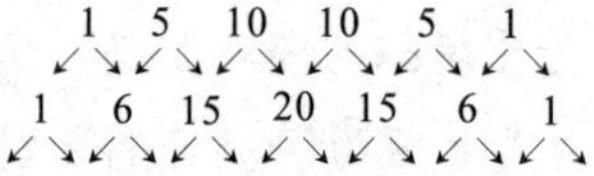

1
1 1
1 2 1
1 3 3 1
1 4 6 4 1
1 5 10 10 5 1
1 6 15 20 15 6 1

贾宪的增乘开方图

要把 $(x+y)^5$ 展开，应当有六项。这六项的系数就能在这个宝塔的第六行找到。马上知道：

$$(x+y)^5=x^5+5x^4y+10x^3y^2+10x^2y^3+5xy^4+y^5。$$

这个用起来十分方便的三角形表，最早出现在我国宋代数学家杨辉在1261年所著的《详解九章算法》一书中。杨辉引用的是11世纪中国数学家贾宪的“开方作法本源”，所以这个三角形表叫贾宪三角。

在欧洲，帕斯卡在1654年研究了这个规律，也找到了这个三角形，所以西方人称其为帕斯卡三角形。不过，欧洲人要比贾宪晚600年！

在 $(x+y)^n$ 的展开式中，x^ky^{n-k}项的系数恰是 n 个不同的东西中取 k 个时的取法，叫做 n 中取 k 的组合数，记作 C_n^k 或$\binom{n}{k}$，计算公式是 $C_n^k=\binom{n}{k}=\frac{n!}{k!(n-k)!}$。这样，贾宪三角还可以用来求组合数，并且告诉我们：$C_n^k+C_n^{k-1}=C_{n+1}^k$。

小高斯的算法

老师给孩子们留下一道课堂作业：“把从1到100的一百个数加起来！”正当老师悠闲地坐下享受他预料中的宁静时，最小的一个学生意外地送上了写出答案的石板。

老师惊讶地看到，答案完全正确。这个孩子用的方法是：1和100相加，2和99相加，3和98相加……一共是50个101，就得5050。这个孩子就是后来德国19世纪的大数学家高斯，人们称他为“数学王子”。

不仅连续自然数相加可以这样巧算，一串数，只要相邻两数的差都相等，都可以这样算。这样的一串数叫等差数列，相邻两数之差（后数减前数）叫公差。它的求和公式是：

$$和=\frac{1}{2}\times 项数\times(首项+末项)。$$

对于从 1 到 n 的自然数，便得恒等式：

$$1+2+\cdots+n=\frac{1}{2}n(n+1)。$$

堆垛计算与高阶等差数列求和

一垛圆木，从上到下一层比一层多一根，只要把上下两层数目之和乘以层数，再用 2 除，便求出了总根数。如果是码得整齐的酒坛子，最下面一层 10×10 见方，再上一层 9×9 见方，再上一层 8×8 见方，最上面是一个，共有多少酒坛子？这就是求另一串数之和的问题：

$$1^2+2^2+3^2+4^2+5^2+6^2+7^2+8^2+9^2+10^2=?$$

中国南宋末的数学家杨辉，把这种问题的算法叫“垛积术”。利用恒等式：

$$n^3-(n-1)^3=3n^2-3n+1,$$

让 $n=1, 2, 3, \cdots, m$ 求和，左边消去了很多项：

$$m^3-0^3=3(1^2+2^2+3^2+\cdots+m^2)-3(1+2+\cdots+m)+m$$

$$=3(1^2+2^2+3^2+\cdots+m^2)-\frac{3m}{2}(m+1)m,$$

移项以后可以解出：

$$1^2+2^2+\cdots+m^2=\frac{m^3}{3}+\frac{m(m+1)}{2}-\frac{m}{3}$$

$$=\frac{m}{6}(m+1)(2m+1)。$$

当 $m=10$ 时求出坛子数目是 385 个。

那么,自然数的立方求和,四次方求和,五次方求和,又有什么公式计算呢?中国古代数学家沈括(北宋时人,1030~1094)、杨辉(南宋时人,13 世纪)、郭守敬(元代人,1231~1316)、朱世杰(元代人,14 世纪)相继研究,发现了一系列的求和公式。如:

$$1^3+2^3+3^3+\cdots+m^3=\frac{1}{4}m^2(m+1)^2,$$

$$1^4+2^4+3^4+\cdots+n^4=\frac{1}{30}n(n+1)(2n+1)(3n^2+3n-1)。$$

这些公式，你可以像刚才那样，利用恒等式

$n^4-(n-1)^4=4n^3-6n^2+4n-1,$

$n^5-(n-1)^5=5n^4-10n^3+10n^2-5n+1,$

把它们求出来。

像 1^2，2^2，…，10^2 或 $3(3+1)$,$4(4+1)$,$5(5+1)$,…这样的数列，它们不是等差数列，但是它们相邻两项之差是等差数列，所以叫做二阶等差数列。而 1^3，2^3，…，m^3 或 $2(2^2+7)$,$3(3^2+7)$,$4(4^2+7)$,…这样的数列，相邻两项之差是二阶等差数列，它们叫三阶等差数列。如果 $f(x)$ 是 n 次多项式，由 $f(1)$，$f(2)$，…，$f(m)$，…组成的数列便是 n 阶等差数列，而相邻两项之差是 $n-1$ 阶等差数列。

在 17 世纪，欧洲才发现高阶等差数列的一般求和方法，比朱世杰他们晚了四百多年。

废钢铁回收与等比数列求和

1 吨钢铁制品，过了若干年就成了废钢铁。要是能回收成为 0.8 吨的话，反复回收若干次，1 吨能当几吨用?

假如回收 5 次，就相当于（$1+0.8+0.8^2+0.8^3+0.8^4+0.8^5$）吨。设

$$S=1+0.8+0.8^2+0.8^3+0.8^4+0.8^5,$$

于是

$$\begin{aligned}S-1&=0.8\times(1+0.8+0.8^2+0.8^3+0.8^4)\\&=0.8\times(S-0.8^5)。\end{aligned}$$

解出

$$S=\frac{1-0.8^6}{1-0.8}=3.69\ (\text{吨})。$$

如果反复回收无穷次，1 吨该顶几吨呢? 假定能顶 S 吨用。设想：钢铁公司允许雇主用 1 吨用过的原设备换购回 0.8 吨更新设备。雇主请公司预先多供应（$S-1$）吨（连同原购的 1 吨，共为 S 吨），然后把 S 吨用过的设备交还公司来抵偿预付的（$S-1$）吨，就应当有方程

$$0.8S=S-1。$$

解出 $S=5$，即 1 吨可顶 5 吨用。

把开头题目里的 0.8 换成 x，如法演算，得到一个求和公式

$$1+x+x^2+\cdots+x^5=\frac{1-x^6}{1-x}。$$

你已经知道 $x^2-1=(x+1)(x-1)$ 这个恒等式了，现在又知道 $(x^6-1)=(x-1)(1+x+x^2+\cdots+x^5)$，那么，$x^{n+1}-1$ 该如何分解呢？因为 $x=1$ 时 $x^{n+1}=0$，所以 $(x-1)$ 除得尽 $x^{n+1}-1$。除一下便知道：

$$(x^{n+1}-1)=(x-1)(1+x+x^2+\cdots+x^n)。$$

当 $x\neq1$ 时，把 $x-1$ 除过来，便得到求和公式

$$1+x+x^2+\cdots+x^n=\frac{x^{n+1}-1}{x-1}。$$

从这可以得到等比数列 a，aq，aq^2，…，aq^n 的求和公式：

$$a+aq+aq^2+\cdots+aq^n=a\left(\frac{1-q^{n+1}}{1-q}\right)。$$

恒等式能举例证明吗

一位同学用代入验算的方法来证明恒等式

$$(x-2)(x+2)=x^2-4。\qquad(1)$$

他说：取 $x=1$ 时，$(1-2)(1+2)=1-4$，

取 $x=0$ 时，$(-2)(2)=-4$，

取 $x=2$ 时，$(2-2)(2+2)=4-4$。

都对，所以它一定是恒等式！

老师说他做得对。道理是：如果不是恒等式，它一定是二次或一次方程；二次或一次方程至多有两个根；现在有三个根了，当然是恒等式了。

带有两个未知数的代数式组成的等式是不是恒等式，也可以用

举例的方法来检验。例如：

$$x^2(x^2+y^2)+y^4=(x^2+xy+y^2)(x^2-xy+y^2), \qquad (2)$$

是不是恒等式呢？只要在0，±1，±2中任取一数当做x和y的值代入验算，如果每次两端都是相等的，就能断言它是恒等式。这一共要验算25次。道理在于，这个等式两端对x和y都是4次的。如果对x是7次，对y是3次，那就应当验算$(7+1)(3+1)=32$次。这32对数，y在4个数里轮流取，x在8个数里轮流取。

能不能少验算几次呢？可以，但是数字要取大一些。如果只有一个未知数，估计整理好之后系数中两两之比的绝对值不超过m，只要取$x=m+1$代进去算一算就行了。比如（1）式，取$x=9$验算就足够了。

有多个未知数的情形，如果整理之后系数都是整数，绝对值最大的不超过N。那么：

第一个未知数x_1如关于x最多是R_1次，则x_2可取为

$$(N+1)^{R_1+1};$$

如关于x_2最多是R_2次，则x_3可取为$(N+1)^{(R_1+1)(R_2+1)}$；

……

在等式（2）的情形，取$x=10$，$y=10^5$代入验算就可以了。

人类认识客观世界，基本的推理方法有两类。一类是演绎推理——证明几何题，推导代数公式时常用演绎推理。一类是归纳推理，从许多具体事例中找寻一般规律——在研究动植物学、医学时，常用归纳推理。通常，数学推理只能用演绎的方法，不过用演绎方法又可以证明在一定条件下，归纳在数学里也是有效的。

第七章　不等式与近似计算

近似与精确

“教室里有7个人”，这里数字“7”是完全精确的，绝不会是6.9个人，或7.1个人。“这条鱼7千克重”，这个“7”却是近似的。用天平称一下，鱼也许是7千克零20克，也许是7千克差5克。

为什么要用近似数?“一丝不苟”，完全精确岂不更好?其实，有时没有必要精确。你说“我12岁了”，人家也就明白你是多大年龄。如果你说“我12岁零25天7小时16分8秒了”，人家听了反而觉得好笑，以为你神经不大正常。这叫做没有必要精确。有时不是没有必要，而是不可能精确。因为我们的知识有限，我们的计量工具的精确度有限，我们所谈的对象本身有时也不可能有精确的度量。用钢尺量布，没法精确到0.1毫米，这是受计量工具的限制。化石的年龄，常常以百万年计，这是受我们知识的限制。大风风力是9级、10级，而不可能精确到9.03级，因为风力的级本身不可能太精确。

近似数虽然仅仅是近似的，但是它的用法却有一套确定的规则。为什么说这段布是1.35米，而不说是1.36米或1.34米?反正是近似，差个0.01米算什么呢?这里的规矩是：说布是1.35米，意思是说若

它的实际长度是 L，则 $|L-1.35|\leqslant 0.005$，或者用不等式表示：

$$1.345\leqslant L<1.355。$$

说它是 1.4 米，那就是 $1.395\leqslant L<1.405$ 了。

有些数，像 $\sqrt{2}=1.41421356\cdots$，$\pi=3.14159265\cdots$，在数学上可以算到小数点以后上百位、千位，甚至几百万位。在实际应用时常常只要几位，就用四舍五入的办法。$\sqrt{2}$ 的四位有效数字是 1.414，π 的五位有效数字是 3.1416。“有效”数字有效到什么程度呢？根据“四舍五入”的方法，它的误差不超过末位的半个单位。

因此，近似数 0.1 和 0.10 是不同的。前者只有一位有效数字，后者却有两位。说一支笔是 0.1 米长，笔实际上可能是 6 厘米或 14 厘米；说它是 0.10 米，它至少是 9.5 厘米，至多不过是 10.5 厘米而已。

不等式的妙用

不少人喜欢等式，不喜欢不等式。他认为只有写出了等式，才算找到了答案，才算弄清楚了问题；不等式，总像有点含含糊糊。

可是在生活中，我们碰到的等式，严格说来都是不等式。说 $\pi=3.1416$，就是说 $3.14155\leqslant\pi<3.14165$。在数学里，不等式的用处大得很。

常用的一个无理数 $\sqrt{2}=1.4142\cdots$，它也是人类认识的第一个无理数。利用不等式很快能求出它的近似值。

设 $\sqrt{2}=X$，那么 $X^2=2$，也可以写成 $X^2-1=1$，因而

$$(X-1)(X+1)=1,$$

$$\therefore \quad X-1=\frac{1}{X+1}<\frac{1}{2}。 \tag{1}$$

这是因为$\sqrt{2}>1$，故$\sqrt{2}+1=X+1>2$。把（1）的两端平方得

$$X^2-2X+1<\frac{1}{4}。$$

则因 $X^2=2$，得

$$3-2X<\frac{1}{4}。$$

再平方，再平方，并利用 $X^2=2$，得到

$$0<577-408X<\frac{1}{256}。$$

解不等式是：

$$0<\frac{577}{408}-X<\frac{1}{256\times408}<\frac{1}{10^5}。$$

即

$$\frac{577}{408}-\frac{1}{10^5}<X<\frac{577}{408}=1.414215\cdots$$

这就求得 $1.41420<X<1.41422$，即$\sqrt{2}=1.4142$，误差不超过万分之二，相当准确啦！

不等式与连分数

我国古代伟大的数学成就之一，是南北朝时代的祖冲之（429～500）对圆周率 π 的计算。他不但求得

$$3.1415926<\pi<3.1415927,$$

而且建议用一个分数$\frac{355}{113}\approx 3.14159292\cdots$近似地代替 π，并把它叫做密率。同时，他把 π 的另一个近似值$\frac{22}{7}\approx 3.14$叫约率。

用分数表示 π 并不难。因为，3.14159 就可以写成$\frac{314159}{100000}$。但是，又要分母不大，又要准确，可就难了。

你别小看$\frac{22}{7}$，在所有分母不超过 7 的分数当中，没有比它更接近 π 的了。甚至于可以这样说：在所有分母不超过 55 的分数当中，没有比$\frac{22}{7}$更接近 π 的分数。

证明起来并不难。因$3.14159<\pi<\frac{22}{7}<3.14286$，如果有个分数$\frac{q}{p}$比$\frac{22}{7}$更接近 π，那么

$$\frac{1}{7p}\leqslant\left|\frac{7q-22p}{7p}\right|=\left|\frac{q}{p}-\frac{22}{7}\right|\leqslant\left|\frac{q}{p}-\pi\right|+\left|\frac{22}{7}-\pi\right|$$
$$<2\times\left|\frac{22}{7}-\pi\right|<2\times 0.0013=0.0026。$$

因而

$$p>\frac{1}{7\times 0.0026}>54.9。$$

同样的办法可以证明，在分母不超过 16000 的分数中，没有比$\frac{355}{113}$更接近 π 的分数了。

一般地，给了一个数 a，在所有分母不超过 n 的分数当中，总能找一个和 a 最接近的分数$\frac{k}{m}$。也就是找一个使$\left|\frac{k}{m}-a\right|$最小的分数$\frac{k}{m}$。这个$\frac{k}{m}$，就是 a 的一个最佳近似分数。

把 a 展开成连分数，是找它的最佳近似分数的好办法之一。我们以 π 为例来说明这个方法。

先写出：

$$\pi=3.14159265\cdots=3+a_1\ (0<a_1<1), \tag{1}$$

$$\frac{1}{a_1}=\frac{1}{0.14159265}=7+a_2\ (0<a_2<1), \tag{2}$$

$$\frac{1}{a_2}=15+a_3\ (0<a_3<1), \tag{3}$$

$$\frac{1}{a_3}=1+a_4\ (0<a_4<1), \tag{4}$$

$$\frac{1}{a_4}=292+a_5\ (0<a_5<1)。 \tag{5}$$

这里 7，15，1，292 等都是算出来的。如果把 π 的小数表示计算得更准确，还可以再求出 a_5，a_6，…，a_n，…如果 π 是分数，算到某一位一定有 $a_n=0$，就不往下算了。而实际上 π 是无理数，可以一直算下去。

把（2）代入（1），便得

$$\pi=3+\frac{1}{7+a_2}。 \tag{6}$$

因为 $0<a_2<1$，所以

$$\frac{25}{8}=3+\frac{1}{8}<\pi=3+\frac{1}{7+a_2}<3+\frac{1}{7}=\frac{22}{7}\text{。}$$

可见$\frac{22}{7}$是 π 的近似值。并且

$$\left|\pi-\frac{22}{7}\right|<\left|\frac{25}{8}-\frac{22}{7}\right|=\frac{1}{56}\text{。}$$

如果把（3）代入（6），得

$$\pi=3+\cfrac{1}{7+\cfrac{1}{15+a_3}}, \tag{7}$$

把 a_3 略去，得到 π 的更好的近似值$\frac{333}{106}$。

又把（4）代入（7），得到

$$\pi=3+\cfrac{1}{7+\cfrac{1}{15+\cfrac{1}{1+a_4}}}, \tag{8}$$

略去 a_4，得到 $\pi\approx\frac{355}{113}$，即密率。又把（5）代入（8）得

$$\pi\approx3+\cfrac{1}{7+\cfrac{1}{15+\cfrac{1}{1+\cfrac{1}{292+a_5}}}}, \tag{9}$$

在（9）中略去 a_5，得到 $\pi\approx\frac{103993}{33102}$。

这样得到π的一系列近似分数：$\frac{22}{7}$，$\frac{333}{106}$，$\frac{355}{113}$，$\frac{103993}{33102}$。它们都是π的最佳近似分数。

给了任意一个正实数 a，设 a 的整数部分是 n_0，$a=n_0+a_1$，$\frac{1}{a_1}=n_1+a_2$，$\frac{1}{a_2}=n_2+a_3$，…这些 a_1，a_2，…都满足 $0<a_k<1$。如果 $\frac{1}{a_k}$ 是整数，则 $a_{k+1}=0$，过程终止。否则又用递推式定出 a_{k+1}：

$$\frac{1}{a_k}=n_k+a_{k+1}。 \tag{10}$$

这便得到一串正整数 n_0，n_1，n_2，…，n_k，…当 a 是有理数时，这是有穷的一串。当 a 是无理数时，这是无穷的一串，分数：

$$n_0+\cfrac{1}{n_1+\cfrac{1}{n_2+\cfrac{1}{n_3+\cfrac{1}{n_4\cdots+\cfrac{1}{n_k}}}}} \tag{11}$$

叫做实数 a 的 k 级连分数。把它化成普通的分数 $\frac{p_k}{q_k}$ 之后，随 k 的增大，$\frac{p_k}{q_k}$ 可以无限接近于 a。可以证明，$\frac{p_k}{q_k}$ 是既约分数。在一切分母不超过 q_k 的分数当中，$\frac{p_k}{q_k}$ 和 a 最接近。并且具体地有

$$\left|a-\frac{p_k}{q_k}\right|\leqslant\frac{1}{q_kq_{k+1}}。 \tag{12}$$

连分数是高等数学里的一个重要工具，在理论上和实际上都很有用。它还可以推广到有理分式，把有理分式化成连分式，还可以用连分式近似地表达各种重要的函数。

连分数与闰年

地球绕太阳一周要用 365 天 5 小时 48 分 46 秒，也就是要用

$$a=365+\frac{5}{24}+\frac{48}{24\times60}+\frac{46}{24\times3600}=365\frac{10463}{43200}\ (天)。$$

用上面一个条目的方法把 a 展成连分数：

$$\frac{43200}{10463}=4+\frac{1348}{10463},$$

$$\frac{10463}{1348}=7+\frac{1027}{1348},\ \frac{1348}{1027}=1+\frac{321}{1027},$$

$$\frac{1027}{321}=3+\frac{64}{321},\ \frac{321}{64}=5+\frac{1}{64}。$$

这就展成了 $a=365\frac{10463}{43200}=365+\cfrac{1}{4+\cfrac{1}{7+\cfrac{1}{1+\cfrac{1}{3+\cfrac{1}{5+\cfrac{1}{64}}}}}}$。

$\left(近似分数是：\frac{1}{4},\ \frac{7}{29},\ \frac{8}{33},\ \frac{31}{128},\ \frac{163}{673},\ \frac{10463}{43200}\right)$用这个连分数，可以很清楚地解释 4 年一闰，百年少一闰等历法规定。因为取 $a\approx365\frac{1}{4}$ 时，是每 4 年多 1 天，即 4 年一闰。再准确一点，用 $365\frac{7}{29}$，是 29 年多 7 天。按 4 年一闰，闰 7 次才 28 年，就要停闰一年。更精确的是用

$365\frac{8}{33}$，每99年要加24天。按4年一闰，每百年加25天，不如百年加24天准确，也就是百年少一闰。还想更精确，就逢400年加一闰。

定　位

做乘除数值计算要定位。笔算、珠算、用对数表计算，各有一套定位的方法。方法尽管不同，答案只有一个。既然答案不依赖于计算工具和方法，定位就应当有一般规律。

先规定什么叫一个数的“位数”。如果 x 满足不等式 $10^{n-1}\leqslant x<10^{n}$，就说 x 是 n 位数（n 是整数）。这时可以把 x 写成

$$x=y\times10^{n-1}\quad(1\leqslant y<10)。$$

这就叫“科学记数法”。例如：32.04 是2位数，0.00014 是 -3 位数，0.904 是0位数。用科学记数法，这几个数分别记作 3.204×10，1.4×10^{-4}，9.04×10^{-1}。

如果 A 和 B 的科学记数法分别是 $A=a\times10^{n-1}$，$B=b\times10^{m-1}$，当 $a>b$ 时，就说 A 的数字比 B 的数字大。例如，0.0032 的数字比 211.3 大，因为 $3.2>2.113$；7.1 的数字比608 的数字大。

乘法的一般定位规则是：

若 $A\times B=C$，当 C 的数字比 A 或 B 的数字小时，C 的位数是 A、B 的位数之和；否则，C 的位数是 A、B 的位数之和减1。

例如：0.0025×1.6，用速算法马上得知积的有效数字是4。因 $4>2.5$，积的位数应当是

$(-2)+1-1=-2$。（-2 是0.0025 的位数，$+1$ 是1.6 的位数）

故答数为0.004。

道理很简单：设A、B、C的科学记数法分别是$a\times10^{m-1}$、$b\times10^{n-1}$、$c\times10^{p-1}$，则

$$ab\times10^{m+n-2}=c\times10^{p-1}。$$

$$\therefore\quad \frac{a}{c}\times b=10^{p-(m+n)-1}。$$

若$c<a$（即C的数字比A的数字小），则$\frac{a}{c}\times b>1$，显然只能是$\frac{ab}{c}=10$，即$p=m+n$；若$c\geqslant a$，则有$\frac{ab}{c}<10$，这时只能是$\frac{ab}{c}=1$，即$p=m+n-1$。证毕。

除法定位的一般规则可以从乘法定位规则推出来：如果被除数的数字比除数小，则

商的位数=被除数的位数-除数的位数。

否则

商的位数=被除数的位数-除数的位数+1。

有趣的是，在进行除法之前，就能定出商的位数了。例如，$34.1\div0.00019$，商的位数一定是$2-(-3)+1=6$。

为了迅速判断一个数的位数，可以这样：若$A\geqslant1$，小数点前面有几位，A便是几位数。若$A<1$，小数点后面一连有几个0，它便是负几位。第一位有效数字刚好在小数点后面，叫做0位数。

定位不是什么难题，可是仔细想想，却有道理，有规律。提出问题，试验特例，形成猜想，证明规律，这正是学习数学和研究数学的一般思考方法。

从对于定位方法的讨论中，也可以看出不等式的用处很多。

洗衣服与平均不等式

一件搓好肥皂的衣服，只要用清水漂洗几次就好了。现在有一大桶水，共 A 斤。衣服上的污物（肥皂、脏东西）共 m_0 克。问题是：怎样使用这 A 斤水，漂洗得最干净？先用少量的水漂，再用多量的水漂好呢，还是相反？

现在衣服上是有水的，但是已尽可能拧干，拧得剩下还有 W 斤水了。设把 A 斤水分成 n 次使用，水量分别是 a_1，a_2，…，a_n，$a_1+a_2+\cdots+a_n=A$。我们来算算漂洗 n 次之后还剩多少污物在衣服上。

把衣服在 a_1 斤水中漂洗，设 m_0 克污物均匀溶在 (a_1+W) 斤水里了。（别忘了，衣服上有 W 斤水！）取出衣服拧干后，衣服上还剩 W 斤水。这 W 斤水里的污物含量 m_1 满足比例式：

$$\frac{m_1}{m_0}=\frac{W}{a_1+W}。\tag{1}$$

$$\therefore\quad m_1=m_0\cdot\frac{W}{a_1+W}=\frac{m_0}{\left(1+\frac{a_1}{W}\right)}。\tag{2}$$

继续用 a_2 斤水漂洗之后，拧干，衣服上的污物 $m_2=\dfrac{m_1}{\left(1+\frac{a_2}{W}\right)}$。这样把水用完时，衣服上剩下的污物

$$m=m_n=\frac{m_0}{\left(1+\frac{a_1}{W}\right)\left(1+\frac{a_2}{W}\right)\cdots\left(1+\frac{a_n}{W}\right)}。\tag{3}$$

因为 m_0 是常数，要想使 m 最小（衣服最干净），应当使（3）式右端的分母$\left(1+\frac{a_1}{W}\right)\left(1+\frac{a_2}{W}\right)\cdots\left(1+\frac{a_n}{W}\right)$最大。

漂洗次数 n 一定时，如何分配 a_1，a_2，…，a_n 使这个乘积最大？数学里的“平均不等式”能给我们满意的回答：

平均不等式　任意 n 个非负实数 c_1，c_2，…，c_n 的算术平均不小于它们的几何平均：

$$\frac{1}{n}(c_1+c_2+\cdots+c_n)\geqslant\sqrt[n]{c_1c_2\cdots c_n}。$$

这里等式仅当 $c_1=c_2=\cdots=c_n$ 时成立。

在这个不等式当中取 $c_k=\left(1+\frac{a_k}{W}\right)$，便得：

$$\left(1+\frac{a_1}{W}\right)\left(1+\frac{a_2}{W}\right)\cdots\left(1+\frac{a_n}{W}\right)\leqslant\left\{\frac{1}{n}\left[n+\frac{A}{W}\right]\right\}^n=\left(1+\frac{A}{nW}\right)^n。$$

这告诉我们，只有取 $a_1=a_2=\cdots=a_n=\frac{A}{n}$，也就是把这桶水均匀分成 n 份使用时，效果最好。

那么，n 多大才好呢？分三次？五次？理论上，n 越大越好。这又可以用平均不等式推出来：在平均不等式中，取 $c_1=c_2=\cdots=c_{n-1}=\frac{A}{(n-1)W}+1$，$c_n=1$，便得：

$$\frac{1}{n}\left(n+\frac{A}{W}\right)>\sqrt[n]{\left(1+\frac{A}{(n-1)W}\right)^{n-1}},$$

也就是

$$\left(1+\frac{A}{nW}\right)^{n}>\left(1+\frac{A}{(n-1)W}\right)^{n-1}。$$

这表明，把水分成 n 次洗比分成 $n-1$ 次洗好。

分成很多次洗，能不能把污物洗得很少很少，要多净有多净呢？答案是不能！理由，还可以用平均不等式证明。取 $c_1=c_2=\cdots=c_n=\frac{2n+2}{n}$，$c_{n+1}=c_{n+2}=1$ 代入

$$c_1c_2\cdots c_{n+2}\leqslant\left(\frac{c_1+c_2+\cdots+c_{n+2}}{n+2}\right)^{n+2},$$

便得

$$\left(\frac{2n+2}{n}。\right)^{n}\leqslant 2^{n+2}。$$

即

$$2^{n}\left(1+\frac{1}{n}\right)^{n}\leqslant 2^{n+2}。$$

所以$\left(1+\frac{1}{n}\right)^{n}\leqslant 4$。这说明：如果 $A=W$，想让残留污物少于原来的 $\frac{1}{4}$，是不可能的！

如果水很多，A 是 W 的很多倍，又如何呢？取 n 较大，又取 k 使$\frac{1}{k+1}\leqslant\frac{A}{nW}\leqslant\frac{1}{k}$，便有 $n\leqslant\frac{(k+1)A}{W}$,这时

$$\left(1+\frac{A}{nW}\right)^{n}\leqslant\left(1+\frac{1}{k}\right)^{n}\leqslant\left[\left(1+\frac{1}{k}\right)^{k+1}\right]^{\frac{A}{W}}\leqslant 8^{\frac{A}{W}}。$$

这告诉我们，无论分多少次洗，也无法使污物减少为原来的 $8^{\frac{A}{W}}$ 分之一。

实际上，$\left(1+\frac{A}{nW}\right)^n$ 的更精密的上界是 $e^{\frac{A}{W}}$。这个 e 是自然对数的底，e≈2.71828…，比 8 小得多。（参看第八章中“复利计算与自然对数的底 e”一节。）

平均不等式种种

在上一节里，用平均不等式解决了漂洗衣服怎样分配水量的问题。平均不等式还有别的更多的用处。

用一根长为 l 的绳子围成矩形，怎样使矩形面积最大?

设矩形的长和宽是 x 和 y，矩形的周长便是 $2(x+y)=l$，面积是 xy。根据平均不等式，

$$\sqrt{xy}\leqslant\frac{x+y}{2}=\frac{l}{4},$$

$$xy\leqslant\frac{l^2}{16}。$$

这告诉我们，只有 $x=y=\frac{l}{4}$ 时，正方形面积最大。

喝水用的茶缸子高为 h，底半径为 r。它的表面积是 $\pi r^2+2\pi rh$，容积是 πr^2h。当容积一定的时候，怎样使表面积 $S=\pi r^2+2\pi rh$ 最小呢？根据平均不等式 S 和容积 V 之间有不等式

$$S=\pi r^2+\pi rh+\pi rh\geqslant3\sqrt[3]{\pi r^2\cdot\pi rh\cdot\pi rh}$$

$$=3\pi\sqrt[3]{r^4h^2}=3\sqrt[3]{\pi V^2},$$

也就是说 S 至少是 $3\sqrt[3]{\pi V^2}$。想实现 S 的最小值，应当使 $\pi r^2=\pi rh$，

即 $r=h$——茶缸子的高应当等于底半径。实际的茶缸子不是这样的。因为茶缸子里通常水不会盛满，而且要考虑到盖子、把子的用料，情况就不同了。

平均不等式的证法很多，有十几种。这里介绍一种简单的归纳证法。为了证明当诸 $c_k \geqslant 0$ 时

$$\frac{c_1+c_2+\cdots+c_n}{n} \geqslant \sqrt[n]{c_1 c_2 \cdots c_n},$$

并且等号仅当 $c_1=c_2=\cdots=c_n$ 成立。我们对 n 行数学归纳。$n=1$，显然，设要证的事对 $n-1$ 成立。下面证它对 n 个数也成立。设 $c_1+c_2+\cdots+c_n=S$，它们的平均数 $\bar{c}=\frac{1}{n}S$ 。当 c_1、c_2、$\cdots$、c_n 不全一样时，其中最大者必大于 $\bar{c}$，最小者必小于 $\bar{c}$。不妨设 c_n 最大而 c_{n-1} 最小。记 $c_n-\bar{c}=d$，$c_{n-1}+d=c_{n-1}^*$，则得 $c_n=\bar{c}+d$，$c_{n-1}=c_{n-1}^*-d$，因而

$$c_n c_{n-1}=\bar{c}c_{n-1}^*-(c_n-c_{n-1})d<\bar{c}c_{n-1}^*。$$

再利用归纳法前提，便得:

$$\begin{aligned}
& c_1 c_2 \cdots c_{n-1} c_n < c_1 c_2 \cdots c_{n-2} c_{n-1}^* \bar{c} \\
& \leqslant \left(\frac{c_1+c_2+\cdots+c_{n-2}+c_{n-1}^*}{n-1}\right)^{n-1} \bar{c} \\
& =\left(\frac{c_1+c_2+\cdots+c_{n-2}+c_{n-1}+d}{n-1}\right)^{n-1} \cdot \bar{c} \\
& =\left(\frac{c_1+c_2+\cdots+c_{n-1}+c_n-\bar{c}}{n-1}\right)^{n-1} \cdot \bar{c} \\
& =\left(\frac{n\bar{c}-\bar{c}}{n-1}\right)^{n-1} \cdot \bar{c}=\bar{c}^n=\left(\frac{c_1+c_2+\cdots+c_n}{n}\right)^n。
\end{aligned}$$

根据数学归纳法，平均不等式便得到了证明。

在数学里，有了 n 个正数 c_1、c_2、⋯、c_n，把 $A=\frac{1}{n}(c_1+c_2+\cdots+c_n)$ 叫做它们的算术平均，$G=\sqrt[n]{c_1c_2\cdots c_n}$ 叫做它们的几何平均。此外，还有调和平均 $H=n\left(\frac{1}{c_1}+\frac{1}{c_2}+\cdots+\frac{1}{c_n}\right)^{-1}$，平方根平均 $R=\sqrt{\frac{1}{n}(c_1^2+c_2^2+\cdots+c_n^2)}$，调和平方根平均 $HR=\sqrt{n\left(\frac{1}{c_1^2}+\frac{1}{c_2^2}+\cdots+\frac{1}{c_n^2}\right)^{-1}}$。它们之间的关系是：

$HR\leqslant H\leqslant G\leqslant A\leqslant R$（任一个等号仅当 $c_1=c_2=\cdots=c_n$ 时成立）

有了上面所证的算术——几何平均不等式 $G\leqslant A$ 之后，要证其余的不等式也很容易：把

$$\sqrt[n]{a_1a_2\cdots a_n}\leqslant\frac{a_1+a_2+\cdots+a_n}{n}$$

中的 a_k 换成 $\frac{1}{c_k}$，便得

$$\frac{1}{\sqrt[n]{c_1c_2\cdots c_n}}\leqslant\frac{1}{n}\left(\frac{1}{c_1}+\frac{1}{c_2}+\cdots+\frac{1}{c_n}\right)。$$

整理一下便是 $H\leqslant G$。

要证明 $A\leqslant R$，先要注意从 $(x-y)^2\geqslant 0$ 可以推出一个不等式 $x^2+y^2\geqslant 2xy$，因此：

$$(c_1+c_2+\cdots+c_n)^2=c_1^2+c_2^2+\cdots+c_n^2+\sum_{1\leqslant k<l\leqslant n}2c_kc_l$$
$$\leqslant c_1^2+c_2^2+\cdots+c_n^2+\sum_{1\leqslant k<l\leqslant n}(c_k^2+c_l^2)$$
$$=n(c_1^2+c_2^2+\cdots+c_n^2)。$$

两边用 n^2 除后再开平方，便是 $A \leqslant R$。在 $A \leqslant R$ 中把 c_k 换成 $\frac{1}{c_k}$，便得 $HR \leqslant H$。

当 $n=2$ 时，取 $c_1=a$，$c_2=b$，得到：

$$\sqrt{\frac{2a^2b^2}{a^2+b^2}} \leqslant \frac{2ab}{a+b} \leqslant \sqrt{ab} \leqslant \frac{a+b}{2} \leqslant \sqrt{\frac{a^2+b^2}{2}}。$$

如果 a 和 b 表示矩形两边之长，这些不等式有鲜明的几何意义：

$\sqrt{ab} \leqslant \frac{a+b}{2}$——表示周长为 $2(a+b)$ 的矩形中，正方形 $\left(\text{边长为}\frac{a+b}{2}\right)$面积最大。

$\frac{a+b}{2} \leqslant \sqrt{\frac{a^2+b^2}{2}}$——表示周长为 $2(a+b)$ 的矩形中，正方形的对角线最短。

$\frac{2ab}{a+b} \leqslant \sqrt{2ab}$表示面积为 ab 的矩形中，周长最短的是正方形。（即比值$\frac{\text{面积}}{\text{周长}}$最大者为正方形。）

$\sqrt{\frac{2a^2b^2}{a^2+b^2}} \leqslant \frac{ab}{a+b}$——表示面积与周长之比为$\frac{2ab}{a+b}$的矩形中，比值$\frac{\text{面积}}{\text{对角线}}$最大者是正方形。

$n=3$ 时，这些不等式的几何意义，则要到空间的长方体上去寻找了。

第八章　几个重要的数

圆周率 π

人类早在开始会制作陶器和车轮的时候，就和圆形结下了不解之缘。人们在实践中发现，不论大或小的圆木，用绳子绕上一周，绳子的长度总是圆木直径的三倍多一点，所谓“周三径一”。然而这是不准确的，真正“周三径一”的是正六边形，不是圆。车轮必须圆，不能做成正六边形。那么，一尺直径的圆，周长究竟应当是多少尺？这就是圆周率 π 的计算问题。不但求圆周长、圆面积、球体积少不了 π，有关角度与弧度的测量也少不了 π，还有许多数学、物理、化学、生物甚至社会科学的问题里，也总会有 π 出现。π 是一个绝顶重要的常数，计算它却又很不容易。为了认识它的真面目，一代一代的数学家献出了智慧与劳动。这是一项延续四千多年，涉及全世界的马拉松式的计算工程。

公元前 20 世纪，埃及人和巴比伦人已经知道 $\pi \approx 3.1$。这是一个过于粗略的估计，比“周三径一”略好一点。古希腊的阿基米德，计算了圆内接与外切 96 边正多边形的周长，得出了 π 的三位有效数字 3.14。这是公元前 3 世纪的事。

中国古代数学家刘徽，在公元3世纪（三国时期）得到了和阿基米德相同的结果，方法也类似。有的资料说，刘徽还求得了 $\pi \approx 3.1416$。

在计算 π 值方面，贡献最突出的古代数学家，要算中国的祖冲之（公元5世纪，南北朝时代人）。他求得

$$3.1415926 < \pi < 3.1415927。$$

并提出用分数 $\frac{355}{113}=3.1415929\cdots\cdots$ 近似地代替 π。这个 $\frac{355}{113}$，实在是个了不起的贡献。要知道，所有分母不超过16603的分数当中，没有比 $\frac{355}{113}$ 更接近 π 的了 $\left(\frac{52163}{16604}=3.141592387\cdots \text{比} \frac{355}{113} \text{更接近} \pi\right)$。在欧洲，又过了一千多年，才有人得到 $\frac{355}{113}$ 这个结果！（关于 $\frac{355}{113}$，参看第七章中的“不等式与连分数”一节。）

要用计算正 n 边形边长的方法求 π 值，那是很费时间的。祖冲之的 $\pi \approx \frac{355}{113}$，要算到24576边的正多边形！他究竟用的什么方法，已无法得知了。

后来，人们发现了另外一些计算 π 值的方法。例如：瓦里斯公式

$$\frac{\pi}{2}=\frac{2}{1}\cdot\frac{2}{3}\cdot\frac{4}{3}\cdot\frac{4}{5}\cdot\frac{6}{5}\cdot\frac{6}{7}\cdot\frac{8}{7}\cdot\frac{8}{9}\cdot\cdots$$

莱布尼兹公式

$$\frac{\pi}{4}=1-\frac{1}{3}+\frac{1}{5}-\frac{1}{7}+\frac{1}{9}-\cdots+\frac{(-1)^{n-1}}{2n-1}+\cdots$$

但是这些公式算起来并不快。更切实用的，是利用反正切函数表示π。例如马青公式

$$\pi = 16\arctan\frac{1}{5} - 4\arctan\frac{1}{239},$$

斯笃姆公式

$$\pi = 24\arctan\frac{1}{8} + 8\arctan\frac{1}{57} + 4\arctan\frac{1}{239},$$

高斯公式

$$\pi = 48\arctan\frac{1}{18} + 32\arctan\frac{1}{57} - 20\arctan\frac{1}{239},$$

克林斯蒂纳公式

$$\pi = 32\arctan\frac{1}{10} - 4\arctan\frac{1}{239} - 16\arctan\frac{1}{515},$$

等。其中 $\arctan x$ 可用级数

$$\arctan x = x - \frac{x^3}{3} + \frac{x^5}{5} - \frac{x^7}{7} + \cdots + (-1)^{n-1}\frac{x^{2n-1}}{2n-1} + \cdots \quad (-1 < x \leqslant 1)$$

来近似地计算。

祖冲之以后约千年，中亚细亚的阿尔·卡希在 1427 年把π算到 17 位有效数字。到 1596 年德国的鲁道夫把π算到了小数点之后的 35 位。这在当时用手工计算的条件下，是了不起的艰巨工作。因此德国人把π叫做鲁道夫数。1706 年，英国的马青把π算到 101 位。1873 年，英国的谢克斯算到了 707 位，为此他耗费了整整 15 年！从此，再也没人用手工计算π了。1944 年到 1945 年，福格逊用机械计算机核验了谢克斯的结果，发现他从 527 位开始就错了。

把π值算得这么精确，实际意义并不大。在现代科技领域使用的

π值，有十几位已足够。用鲁道夫的35位小数的π值计算一个能把太阳系包起的球上面大圆的周长，误差还不到质子直径的百万分之一！

把π算到小数点后几百位，仍然没有发现它有循环的迹象。你会猜想：π一定是无理数。果然，兰倍脱在1761年证明了π是无理数。不过，无理数和无理数也不一样，$\sqrt{2}$ 这个无理数，是二次方程 $x^2-2=0$ 的根，可π却不是任一个整系数代数方程的根！这种不是整系数代数方程的根的数，叫超越数。证明了π是超越数，也就等于证明了用圆规和直尺不可能画出一个面积等于已知圆面积的正方形（参看第十八章）。这就解决了两千多年前提出的著名的三大几何作图难题之一。

有了电子计算机，计算π值容易多了。1949年超过两千位，1958年超过一万位。1966年，算到25万位。1973年，法国学者把π算到百万位以上，把结果印成了一本书。这真是一本最枯燥乏味的书了。到1983年，两位日本科研人员已把π算到800万位了。

回顾历史，人类对π的认识，反映了数学和计算技术的发展。把π算到上百万位，目的是研究π的小数表示中数字出现的规律，并且用对π的计算来检验计算机和它的软件的能力。

下面是π的前22位：

$$\pi=3.14159\ 26535\ 89793\ 23846\ 26\cdots$$

有人编了几句趣话来帮助记忆π的前22位：

“山巅一寺一壶酒，尔乐苦煞吾，

把酒吃，酒杀尔，杀不死，乐尔乐！”

复利计算与自然对数的底 e

有一个关于高利贷的故事。商人向财主借钱，条件是每借 1 元到一年时归还两元，即年利率为 100%。财主想：如果半年结一次账，利息岂不更多？因为半年的利率是 50%，即借 1 元到半年时还 1.5 元，又把 1.5 元作为本金借给商人，再过半年，即到了年底，又收利息 1.5×50%＝0.75，这样一年的利息便是 1.25 元，比原来的 1 元利息确是多了一些。用算式表示是：半年结算一次，1 元钱到年底要归还

$$\left(1+\frac{1}{2}\right)^{2}\text{（元）。}$$

财主马上又想，如果一年结算 3 次、4 次、10 次、360 次，甚至随时结算，岂不发了大财？他便让账房先生算一算，究竟能发多大的财。这是不难算的。

结算三次，年底归还$\left(1+\frac{1}{3}\right)^{3}=2.37037\cdots$（元）

结算五次，年底归还$\left(1+\frac{1}{5}\right)^{5}=2.48832\cdots$（元）

结算十次，年底归还$\left(1+\frac{1}{10}\right)^{10}=2.59374\cdots$（元）

结算百次，年底归还$\left(1+\frac{1}{100}\right)^{100}=2.70481\cdots$（元）

结算千次，年底归还$\left(1+\frac{1}{1000}\right)^{1000}=2.71692\cdots$（元）

结算万次，年底归还$\left(1+\frac{1}{10000}\right)^{10000}=2.7181\cdots$（元）

结果使财主颇为失望：尽管结算次数越多利息也越多，但增长得并不快。无论结算多少次，连本带利的增长总不能突破一个上限，这上限就是无穷数列 $a_n=\left(1+\frac{1}{n}\right)^n$ 的极限。数学家欧拉给它一个专门的名称 e，

$$e=2.71828\cdots$$

财主费尽心思，无限次地结账，比起一次结账来，一元钱才多得到七角多！

在第七章“洗衣服与平均不等式”一节里，我们知道数列 $\left(1+\frac{W}{nA}\right)^n$ 随 n 增加而且不会超过 $8^{\frac{W}{A}}$。记 $x=\frac{W}{A}$。既然 $\left(1+\frac{x}{n}\right)^n$ 递增而又有界，它一定有极限，这个极限是在数学里十分重要的指数函数 e^x。e^x 的反函数叫做自然对数，记号是 $\ln x$。这两个函数，e^x 和 $\ln x$，在数学和各门科学技术中都扮演着不可缺少的角色。例如，研究生物种群的增减，估计放射性元素的蜕变，机械振动，化学变化，电磁现象等等到处要碰到这个 e。

e 和 π 是近亲。它们俩都是超越数——都不是任何整系数多项式的根。它们之间还有一个奇妙的关系：

$$e^{i\pi}+1=0。$$

这里 $i=\sqrt{-1}$。

如果你走进高等数学的大门，便可以用微积分知识推出

$$e^x=1+x+\frac{x^2}{2!}+\frac{x^2}{3!}+\cdots+\frac{x^n}{n!}+\cdots$$

把 x 换成 θi，利用 $i^2=-1$，得：

$$e^{i\theta}=\left(1-\frac{\theta^2}{2!}+\frac{\theta^4}{4!}-\frac{\theta^6}{6!}+\frac{\theta^8}{8!}\cdots\right)+i\left(\theta-\frac{\theta^3}{3!}+\frac{\theta^5}{5!}-\frac{\theta^7}{7!}+\cdots\right)$$

而 $\cos\theta$ 和 $\sin\theta$ 的无穷级数表示恰巧是:

$$\cos\theta=1-\frac{\theta^2}{2!}+\frac{\theta^4}{4!}-\frac{\theta^6}{6!}+\cdots$$

$$\sin\theta=\theta-\frac{\theta^3}{3!}+\frac{\theta^5}{5!}-\frac{\theta^7}{7!}+\cdots$$

因而有著名的欧拉公式

$$e^{i\theta}=\cos\theta+i\sin\theta。$$

当 $\theta=\pi$ 时，便得到奇妙的等式 $e^{i\pi}=-1$。

但是 e 比 π 好算得多。利用 e 的级数表示

$$e=1+\frac{1}{1!}+\frac{1}{2!}+\frac{1}{3!}+\cdots+\frac{1}{n!}+\cdots$$

即使只算到 $n=6$ 为止，便得到 $e\approx2.718$，精确到万分之二。利用 $\left(1+\frac{1}{n}\right)^n\to e$，要算到 $n=5000$ 才得到这个 2.718 呢!

奇妙的黄金数——ϕ

盖房子要开窗口。窗口多数是矩形的。正方形的窗口很少，又窄又长的也很少。因为大家觉得方方的和长长的都不那么美观，不顺眼。什么样的矩形才美呢？经过调查研究，建筑学家发现：如果一个矩形，切掉一个正方形以后剩下的小矩形和原来的矩形相似，大家觉得是最美观的。

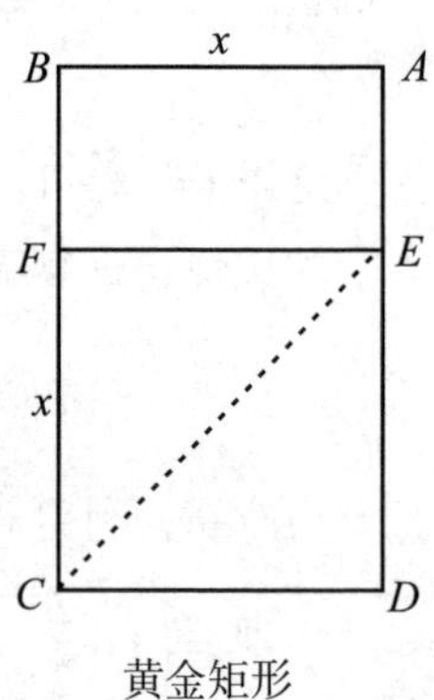

黄金矩形

如图，设矩形 $ABCD$ 的长 $AD=y$，宽 $AB=$

x，切掉正方形 $CDEF$，剩下矩形 $ABFE$。想要 $ABFE$ 相似于 $BCDA$，应当有比例式

$$\frac{x}{y}=\frac{y-x}{x}\text{，即}\frac{x}{y}=\frac{y}{x}-1\text{。}$$

设 $\frac{x}{y}=\phi$，解方程 $\phi=\frac{1}{\phi}-1$，即 $\phi^2+\phi-1=0$，得到 $\phi=\frac{-1\pm\sqrt{5}}{2}$，取正根，得

$$\frac{x}{y}=\phi=0.618033988\cdots$$

这个最“美”的矩形的宽与长之比 $\phi=\frac{1}{2}(\sqrt{5}-1)$，就是有名的黄金数，简称金数。

金数，又叫中外比。在线段 AB 上取一点 C，C 把 AB 分成大小两段 AC、BC。如果能使全段比大段等于大段比小段，即 $\frac{AB}{AC}=\frac{AC}{BC}$，那么比值 $\frac{BC}{AC}$ 便叫中外比。设 $\lambda=\frac{BC}{AC}$，由 $AB=BC+AC$，得

$$\frac{BC+AC}{AC}=\frac{AC}{BC}\text{。}$$

也就是 $\lambda+1=\frac{1}{\lambda}$，解出 $\lambda=\frac{\sqrt{5}-1}{2}=\phi$。

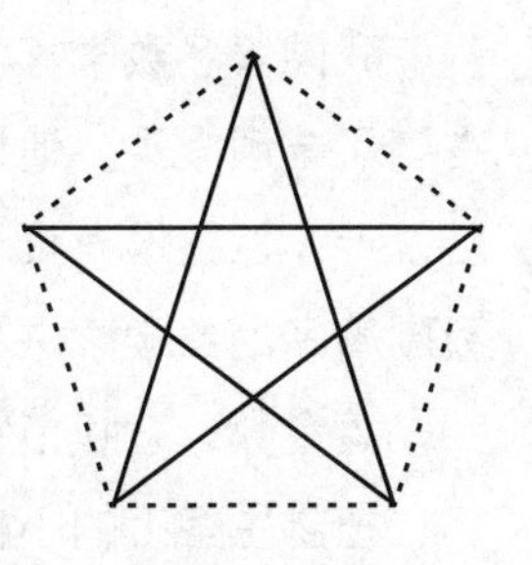

五角星上面的黄金分割

如果 AB 是一条琴弦，在中外比分点处弹奏，琴声最为悦耳。人们也就把这种线段分割法叫黄金分割，或弦分割。

如果 AB 是舞台的宽，报幕员站在 AB 的中

外比分点处，便显得很得体。既不呆板，又不使人觉得失去平衡。

五星红旗上的五角星，相邻两个星尖的距离与不相邻的两星尖距离之比，也正是这个黄金数 ϕ。

金数的用途还很多。特别值得一提的是优选法。举个例子：要制造一种化学药品，只知道反应温度应当在 0 ℃到 100 ℃之间，怎样找寻使产品质量最好的那个“最佳”温度呢？只有做试验。怎样安排试验，才能用尽可能少的试验达到优选的目的呢？

黄金数 0.618…可以帮我们的忙。用 AB 线段上的点代表 0 ℃到 100 ℃之间的温度。A 表示 0 ℃，B 表示 100 ℃。第一、二次试验，就取 AB 的两个黄金分割的位置 C 与 D 所代表的温度做试验。因为 $AD:AB=BC:AB=0.618$，所以 D 代表 61.8 ℃，C 代表 38.2 ℃。如果试验结果 D 比 C 好，就淘汰 AC 段，0 ℃到 38.2 ℃之间不试了。（C 比 D 好，就淘汰 DB 段。）再试下去，就在 CB 上选点。因为 D 又是 CB 的中外比点，所以只要选一点 E，使 E 是 CB 的另一个中外比点就可以了。

试一次，淘汰一段，只要试验十多次，便可以找到最佳温度。

我国著名数学家华罗庚，亲自到群众中去宣传、普及优选法，得到了丰硕成果。他指出，在国外虽然 1953 年已提出了用金数做试验设计，但并没有证明 0.618 法的最优性。这个最优性的证明，是我国著名的数学家洪加威于 1973 年完成的。

黄金数，它和植物的生长也有关系！

植物主茎上的小枝，或小茎上的叶子的分布，为了使光照均匀，常常符合一定的规律：相邻两层小枝（或叶子）的指向，在水平面上的角度之差常常是 $137.5°$。一圈是 $360°$，$360°-137.5°=222.5°$，而 137.5°∶222.5°≈0.618。

金数被古代数学家认为是几何学两大瑰宝之一（另一个是勾股定理）。它是人类最早认识的无理数中的一员，常常在一些有趣的场合意外地出现。

华罗庚和他的高足王元教授，对金数作了深刻的研究与巧妙的推广，从而设计出计算多重定积分的强有力的新方法。这个成果获得国际数学界的高度评价。在人类认识金数的漫长历史中，写下了新的篇章。

第九章　不定方程与同余式

百钱买百鸡

一千五百多年前，中国民间流传过这样的一个趣题：

“每只公鸡五文钱，母鸡三文钱，小鸡三只一文钱。用 100 文钱买 100 只鸡，问买公鸡、母鸡、小鸡各几只?”

用 x、y、z 分别表示公鸡、母鸡和小鸡的只数，列出方程

$$\begin{cases} x+y+z=100, & (1) \\ 5x+3y+\dfrac{1}{3}z=100。 & (2) \end{cases}$$

这里有三个未知数，方程只有两个，叫做不定方程。不定方程常常只要求整数解或正整数解。按题意，这里只要非负整数的解。

用 $3\times(2)-(1)$ 消去 z 得 $14x+8y=200$，即

$$7x+4y=100。\qquad (3)$$

因为 $4y$ 和 100 都是 4 的倍数，x 也一定是 4 的倍数。又因为 $7x=100-4y\leqslant 100$，故 $x\leqslant\dfrac{100}{7}<15$，于是 x 只能是 0，4，8，12，共得 4 组解：

若 $x=0$，则 $y=25$，$z=75$。

若 $x=4$，则 $y=18$，$z=78$。

若 $x=8$，则 $y=11$，$z=81$。

若 $x=12$，则 $y=4$，$z=84$。

这种类型的不定方程应用题，最早出现在5世纪末中国数学家张丘建所著的《算经》一书中，是当时世界上数学方面的先进成就之一。

元旦是星期几——同余式

1986年国庆节是星期三，1987年元旦该是星期几呢?

从1986年的“10.1”到1987年1月1日，一共要经过10月、11月、12月，三个月共92天。星期三过7天还是星期三，所以逢7就不算。92就相当于1，星期三又过“1”天，星期四!

在计算星期几这种问题里，7相当于0，9相当于2。过13天和过20天是一样的。因为13用7除余6，20用7除也余6。

两个整数 a 和 b 用7除时余数一样，便称这两个整数“模7同余”。记号是:

$$a \equiv b \pmod 7。$$

当然，也可以有模5同余，模13同余，模1987同余。

同余式很像等式。对于同一个模，如果有 $a \equiv b$，则 $b \equiv a$；如果 $a \equiv b$，$b \equiv c$，则 $a \equiv c$。还有，当 $a \equiv b$，$c \equiv d$ 时，有 $a+c \equiv b+d$，$ac \equiv bd$，$a-c \equiv b-d$，等等。但是千万注意，模数要一样才能用这些规律。

同余式是数论里研究的重要内容。几千年来，大家以为它是“纯数学”，没实际用处。近些年，发现在计算机科学、密码编制、信号的数字处理等许多方面都少不了它。“纯数学”变成了重要的应用数学。

韩信点兵与中国剩余定理

韩信将军在操点士兵。士兵排成三列纵队时，最后一伍只有1个人。排成五列纵队，剩4人。排成七列纵队，剩3人。韩信略想一下，便责问身旁的值日副将：刚才你报告今天到场的兵士是1264人，实际上怎么只有1249人呢？

这是中国古代流传于民间的一道趣味算题，叫做韩信点兵。还有四句歌诀，隐含了解题的法门：

“三人同行七十稀，五树梅花廿一枝，

七子团圆正月半，除百零五便得知！”

歌诀里让人记住几个数：3与70，5与21，7与15，还有105，即$3\times7\times5$。这些数的用法是：题中三列纵队剩1人，用1乘70，5列纵队剩4人，用4乘21，7列纵队剩3人，用3乘15，三个乘积相加：

$$1\times70+4\times21+3\times15=199。$$

这个199，是符合题中条件的士兵数目。因为199用3除余1，5除余4，7除余3。但是，因为105是3、5、7的公倍数，所以199加上、减去若干个105仍符合条件。这样一来，94，199，304，409，514，619，724，829，…总之，94加上105的整数倍，都可能是答案。韩信根据现场观察和值日副将的报告，选择了和1264最接近的解：$94+11\times105=1249$。

口诀里的70，21，15又是从何而来？原来：

70是5和7的公倍数，除以3余1，

21是3和7的公倍数，除以5余1，

15是3和5的公倍数，除以7余1，

那么，5和7的公倍数中，为什么恰巧能找到除以3余1的数呢？原因是5×7和3互素——也就是说5×7和3没有大于1的公约数。只要两个整数a、b互素，a的倍数中一定有被b除余1的数。

韩信点兵题中“排成三列纵队剩一个人”，用数学语言表达，就是同余式

$$x\equiv1\pmod 3$$

这个x当然是士兵的数目，整个题目实际上就是求解同余式组

$$\begin{cases}x\equiv1\pmod 3,\\x\equiv4\pmod 5,\\x\equiv3\pmod 7。\end{cases}$$

这样的同余式组，最早出现在唐代的《孙子算经》一书中。后来，宋代数学家秦九韶提出了这种同余式组的最一般形式：

$$x\equiv a_k\pmod{p_k}\ (k=1,2,\cdots,n)。$$

秦九韶用“大衍求一术”彻底解决了这个问题。设p_1，p_2，…，p_n两两互素，用秦九韶的方法可以找出b_1，b_2，…，b_n，其中b_k能被$\frac{p_1,\ p_2,\ \cdots,\ p_n}{p_k}$整除，被$p_k$除时余1，则$x$的通解是

$$x=a_1b_1+a_2b_2+\cdots+a_nb_n+mp_1p_2\cdots p_n\ (m=0,\ \pm1,\ \pm2,\ \cdots)。$$

这个结果比西方大数学家欧拉、高斯对这个问题的系统研究早五百多年，被世界各国数学家们称之为“中国剩余定理”。

中国剩余定理帮了电脑的忙

电脑是近二十年兴旺发达起来的，中国剩定定理却肇端于两千多年前的韩信点兵。韩信点兵的方法却帮了电脑的忙，似乎不可思议。

每台电脑有它固定的字长。如果字长是8，它算出的答案至多有8位有效数字。两个5位数相乘，答案至少是9位，它便无能为力了。当然，可以把56238截成两段56—238，用特编的程序来计算。不过，简单地截开是笨办法，电脑算得很累，很慢。用韩信点兵的办法来编程序，电脑却能胜任而快速。

用较小的数来说明方法：这台电脑只能表达比7小的整数，要计算32+67，或13×8，怎么办？我们把32、67当做韩信点兵里的兵的数目。32用3除余2，用5除余2，用7除余4。好，32的代码就是（2，2，4）。同样的办法，67的代码是（1，2，4）。这台幼稚的电脑不懂32和67，却能接受（2，2，4）和（1，2，4）。下一步，要把（2，2，4）和（1，2，4）相加，这需要三张不同的加法表（下图：同余加法表）：

+	0	1	2
0	0	1	2
1	1	2	0
2	2	0	1

（模3同余加法表）（1）

+	0	1	2	3	4
0	0	1	2	3	4
1	1	2	3	4	0
2	2	3	4	0	1
3	3	4	0	1	2
4	4	0	1	2	3

（模5同余加法表）（2）

+	0	1	2	3	4	5	6
0	0	1	2	3	4	5	6
1	1	2	3	4	5	6	0
2	2	3	4	5	6	0	1
3	3	4	5	6	0	1	2
4	4	5	6	0	1	2	3
5	5	6	0	1	2	3	4
6	6	0	1	2	3	4	5

（模7同余加法表）（3）

表（1）里的2+2=1，表示（2+2）用3除余1。表（2）里4+3=2，表示（4+3）用5除余2。表（3）里5+6=4，表示（5+6）用7除余4。这些表里只用到比7小的整数，电脑可以胜任的。

按这三张表，电脑可以完成加法：

(2,2,4)+(1,2,4)=(0,4,1)。

最后，（0，4，1）是谁的代码呢？用韩信点兵的办法可以找出，它是99 的代码！

为了方便，可以把1～105 的数排成代码查对表（下图：代码表）：

0		0	1	2	3	4	5	6
	0	105	15	30	45	60	75	90
	1	21	36	51	66	81	96	6
	2	42	57	72	87	102	12	27
	3	63	78	93	3	18	33	48
	4	84	99	9	24	39	54	69

1		0	1	2	3	4	5	6
	0	70	85	100	10	25	40	55
	1	91	1	16	31	46	61	76
	2	7	22	37	52	67	82	97
	3	28	43	58	73	88	103	13
	4	49	64	79	94	4	19	34

2		0	1	2	3	4	5	6
	0	35	50	65	80	95	5	20
	1	56	71	86	101	11	26	41
	2	77	92	2	17	32	47	62
	3	98	8	23	38	53	68	83
	4	14	29	44	59	74	89	104

编制这个表很容易：每张表里，每个数加 21 便得下面的数，加 15 便得右面的数（超过 104 时减 105）。从第一张表查到，（0，4，1）是 99 的代码。

其实，有第一张表已足够了。因为要查代码（2，1，5），可以先都减 2，查（0，4，3），［注意，（2，1，5）－（2，2，2）＝（0，4，3）。］查出（0，4，3）是 24，再加 2，得 26。类似地，查（1，3，4）可以都减 1 变成（0，2，3），得到 87 后再加 1，得 88。

为了做乘法，还应当有三个乘法表。这三张表是（模 5、模 7 乘法表略去 0、1 的乘法）（下图：同余乘法表）：

×	0	1	2
0	0	0	0
1	0	1	2
2	0	2	1

（模 3 乘法表）

×	2	3	4
2	4	1	3
3	1	4	2
4	3	2	1

（模 5 乘法表）

×	2	3	4	5	6
2	4	6	1	3	5
3	6	2	5	1	4
4	1	5	2	6	3
5	3	1	6	4	2
6	5	4	3	2	1

（模 7 乘法表）

要算 13×8，可以先找出 13 的代码是（1，3，6），8 的代码是（2，3，1），利用乘法表或直接看余数，得

$(2,3,1)\times(1,3,6)=(2\times1,3\times3,1\times6)=(2,4,6)$。

再由代码表查出（2，4，6）是 104 的代码，或查出（0，2，4）是 102，再加 2 得 104。

勾　股　数

“直角三角形中，直角对边的平方等于另两边平方之和”。这是人类很早就已知道的几何定理——勾股定理。公元前 3 世纪，古巴比伦人已经发现了这个奥秘。古埃及人在尼罗河泛滥之后要重新划分田地，测量时用绳子拉成三边为 3∶4∶5的三角形，来定直角。这利用了勾股定理的逆定理：“若$\triangle ABC$ 的三边满足 $AB^2=BC^2+CA^2$，则 C 为直角。” 因为 $3^2+4^2=5^2$，所以 3、4、5 可以作为三边构成直角三角形。三千多年前，中国有过勾三、股四、弦五的说法。

三个正整数 x、y、z，它们如果满足等式

$$x^2+y^2=z^2, \tag{1}$$

就有资格充当直角三角形三边之长。这样的数组（x、y、z）叫勾股数，也叫商高数或毕达格拉斯数。找勾股数，也就是求不定方程（1）的正整数解。这并不难。作变换

$$\frac{y+z}{x}=\frac{u}{v}\ （u、v 都是正整数）, \tag{2}$$

从（2）得 $y=\frac{u}{v}x-z$，代入（1），整理一下求出

$$x=\frac{2uvz}{u^2+v^2}。 \tag{3}$$

把（3）回代入（1）求得 $y=\frac{(u^2-v^2)z}{u^2+v^2}$。为了 x 和 y 取整数值，取 $z=(u^2+v^2)t$，t 是任意正整数，得

$$\begin{cases} x=2uvt, \\ y=(u^2-v^2)t, \\ z=(u^2+v^2)t。 \end{cases} \tag{4}$$

这就是（1）的通解。所有的勾股数都在这里了。当 $t=1$，并且 u 和 v 互素时，得到的 x、y、z 两两互素，叫做基本勾股数组。取 $u=2$，$v=1$，得（3，4，5）；$u=3$，$v=2$，得（12，5，13）；$u=4$，$v=1$，得（8，15，17）。这样，你可以得到许多勾股数。

费马大定理——会生金蛋的鸡

不定方程

$$x^2+y^2=z^2$$

的正整数解叫勾股数。勾股数有无穷多。自然会想到，把平方换成立方、四次方又如何呢？不定方程

$$x^3+y^3=z^3，x^4+y^4=z^4，\cdots$$

有没有正整数解？

17 世纪，法国有一位律师费马（P. Fermat，1601～1665）。他虽然 30 岁上才对数学有兴趣，而且仅仅是业余数学爱好者，却奇迹般地取得了辉煌的成就。但他很少发表著作，他的数学发现常常写在给朋友的信件中，或信手批在书页上。费马在 1665 年病逝。他的儿

子在整理遗物时发现了他在一本书的页边上批注说，当 $n>2$ 时，不定方程

$$x^n+y^n=z^n \tag{1}$$

没有正整数解，而且说他发现了这个论断的奇妙证明，但书的页边太窄，写不下。

查遍了费马的遗物，还是找不到这个奇妙的证明。于是大家把"$x^n+y^n=z^n$ 当 $n>2$ 时没有正整数解"这个断言叫**费马大定理，**或**费马最后定理**。

300 多年当中，数学家们向费马大定理顽强进军。

费马逝世百余年，年逾古稀、双目失明的数学家欧拉首传捷报，他证明：$n=3$，4 时，（1）确实没有正整数解。这是 1779 年～1782 年间的事。

又过了 50 多年，1823 年，勒让德证明了 $n=5$ 的情形。1840 年，拉梅和勒贝格证明 $n=7$ 时命题也对。

法国的一位业余女数学家，没有上过任何专业学校的索非亚·吉尔曼（1786～1831），在这场进军的路上一鸣惊人。她证明：如果 x、y、z 与 n 互素，当 n 是小于 100 的奇素数时，（1）没有正整数解。她死后 18 年，德国数论专家库麦尔从研究方法上作了改进，引入了"理想数"的新概念，在 1849 年取得大丰收：他一举证明，当 n 是小于 100 的奇素数时（除 $n=37$，59，67 外），费马大定理都成立。后来，他又对 $n=37$，59，67 时的情形补充了证明。至此 $2<n<100$ 时，（1）没有正整数解的事实肯定下来了。库麦尔是"数学王子"高斯的学生。高斯曾尝试解决这个难题，但在证明 $n=7$ 的情形时未能成功而放弃了这个方向的研究，他认为这是一个"孤立的

命题”。库麦尔的工作表明，这不是一个孤立的命题，它和数学中的其他部分有深刻的联系。

为解决这一大难题，法国科学院在1850年和1853年两次悬赏200金法郎。德国哥廷根科学院于1908年悬赏10万金马克。在大家的艰苦努力之下，时有进展。

1908年，$n<216$时问题解决了。

到1978年，从216又推进到125000。这时大型电子计算机开始参战。

20世纪80年代，对$n<410000$的情形也都解决了。1983年，德国数学家法尔廷斯证明：对任意的n，方程（1）的互素解是有限多的。他因此获得了1986年的菲尔兹奖。这是国际数学界对40岁以下的数学家给予的最高奖。

为了解决这个难题，人们创造出了绝妙的数学方法和崭新的数学分支。这些副产品的价值大大超过这个定理本身的意义。有人问数学大师希尔伯特“为什么不试试解决这个难题”时，他风趣地回答：“干吗要杀死一只会下金蛋的鸡呢?”

在法尔廷斯的工作10年之后，英国数学家维尔斯终于证明了费马大定理，征服了这座高峰。维尔斯登上高峰的路线与前人设想的全然不同，他的成功是综合了现代数学多分支成就的结果。

下面简述一下这个激动人心的过程。

数学家把方程$y^2=f(x)$（$f(x)$是三次或四次多项式）的曲线叫做椭圆曲线，另外有一类被研究得较多的曲线叫“模曲线”。1955年，日本数学家谷山丰猜想椭圆曲线与模曲线之间有某种联系。后来他和另一位日本数学家志村五郎一起提出了“谷山一志村猜想”：有理数域上的椭圆曲线都是模曲线。

1985 年，德国数学家费雷指出“谷山一志村猜想”与费马大定理有联系。他提出一个命题：如果费马定理不成立（即存在非零整数 A，B，C 和 $n>2$ 使 $A^n+B^n=C^n$），那么用这组数构造出方程为 $y^2=x(x+A^n)(x-B^n)$ 的椭圆曲线不是模曲线。这样一来，如果既证明了弗雷命题，又证明了“谷山一志村猜想”，就解决了费马问题。

1986 年，美国数学家贝里特证明了费雷命题，此后大家的目光便集中于“谷山一志村猜想”。

维尔斯从小就梦想证明费马大定理，贝里特的结果促使他竭尽全力投入攀登顶峰的工作。经过 7 年努力，在 1993 年他宣布自己解决了这一难题。但经过同行审查，他的长达 200 页的证明中有些漏洞。又经过一年多，到 1994 年 9 月，他补上了漏洞并通过了同行的权威审查，终于结束了费马猜想这个美妙的故事。

第十章 集合的概念与运算

集合——无所不在的角色

集合像空气一样无所不在，像空气一样无比重要，像空气一样极为平凡。但它是一个不能确切定义的概念，像空气一样，抓不住，摸不着。

它是最基本的数学概念。它太基本了，不能用更基本的东西来定义它，只能用它定义人家。它好比原料，从自然界采集的原料，不能用别的原料制造它。

不能给集合下定义，却可以描绘它。

通常说：把具有某种共同性质的一些东西放在一起考虑，就可以说这些东西形成了一个集合。这些东西应当是一个一个的，彼此有所区别的个体。它们叫做这个集合的元素。

你们班上的 45 位同学组成一个集合。这个集合里有 45 个元素。26 个大写英文字母组成一个集合。百货大楼里五光十色的商品，组成一个集合。北京动物园的珍禽异兽，组成一个集合。

集合可以是空的。新疆戈壁大沙漠上的企鹅组成的集合，很可能是空的。方程 $x^2+1=0$ 的实根的集合，肯定是空的。空集合记作∅。

集合可能有无穷多个元素。全体自然数之集，就是无穷集。

数学研究的对象总是集合：平面上点的集合，自然数集合，实数集合，多项式集合。

如果 x 是集合 A 的元素，说 x 属于 A，记作 $x \in A$。如果集合 B 的元素都属于 A，说 B 是 A 的子集或 B 包含于 A，或 A 包含 B，记作 $B \subset A$ 或 $A \supset B$。

"白马非马"与"不能吃水果"

战国时代的一位哲学家公孙龙，提出过一个有名的诡论，叫做"白马非马"。他的理由是：要马，则黑马黄马都可以；若要白马，黑马黄马就不合要求了，可见白马与马不同。

说"白马是马"也对。难道白马还会是牛吗？那么，是马呢？非马呢？

都对。白马非马，说的是白马组成的集合不等于全体马组成的集合。这里，"是"字的意思是"等于"。"非"，就是"不等于"。

白马是马，说的是白马集合包含于马集合，或者说一匹白马是马集合的元素。就像说"上海人是中国人"，或"牛是动物"一样。这里，"是"字的意思变了，它不是"等于"，而是"包含于"或"属于"。

原来，诡论的奥妙在于字的歧义。一个字有两种或两种以上的含意，能形成妙语双关，也能成为诡论的根源。

著名德国哲学家黑格尔有这样一句话："你能吃樱桃和李子，但是不能吃水果。”这话与“白马非马”异曲同工。因为它的含意可以引申为“樱桃和李子不是水果”。水果是个大集合，樱桃、李子是水果集合的子集。这颗樱桃、那个李子是水果集合的元素。你吃的是水果集合的元素而不是水果集合。严格地说，你连樱桃也不能吃，你吃的是这颗樱桃或那颗樱桃，因为你没法吃樱桃集合!

日常说话可不能这么讲究。否则，别人更不知道你在吃什么了。

集合的并——“$1+1\neq 2$”

业余电脑学习小组有4个人，摄影爱好者小组有3个人。两个小组在一起，共有几个人？如果简单地回答说7人，可不一定对。这要调查研究一番，把名单开列出来。电脑小组是王薇、刘英、李山、张海，而摄影小组是张海、李山、赵平。一共仅有5人。$3+4\neq 7$，这是什么加法？

这是集合的加法，叫做“并”。把A、B两个集合的元素放到一起组成C集，C集就叫做A、B两集之并。记作$C=A\cup B$。如果不会混淆，你写成$A+B$也未尝不可。

这个并运算“$\cup$”有点像加法。它满足交换律，结合律。

在算术课上，老师谆谆告诫：不同名数不能相加。3头牛和7只羊不能相加。可是集合的加法是如此宽宏大量，它允许把任何两个集合并成一个集合。3支铅笔，1块橡皮，2把直尺可以并在一起，成为一个集合。文具盒里常有这种集合。7只梅花鹿，6只熊猫，10只孔雀，5头大象……几个集合可以并在一起。无非是开个动物园罢了。

一个元素，它属于A集，又属于B集，在并集里它算几个元素呢？当然只算一个。张海、李山虽然参加了两个小组，当两个小组开联席会议时，并不需要给他们俩准备4把椅子。

集合的并是算术里的加法的基础。当A集和B集没有公共元素时，并集$A \cup B$的元素的个数，就叫做A集元素个数与B集元素个数之和。

集合的交——花生米上的球面曲线

用圆规在乒乓球上画一个圆并不难。但在乒乓球上也可以画别的曲线。能不能在乒乓球上找到这么一根曲线，它能毫不变形地原封不动地贴在一粒花生米的表面上呢？答案出人意料地简单。球面和花生米表面的任意一条交线都符合要求。这样的曲线有无穷多条。

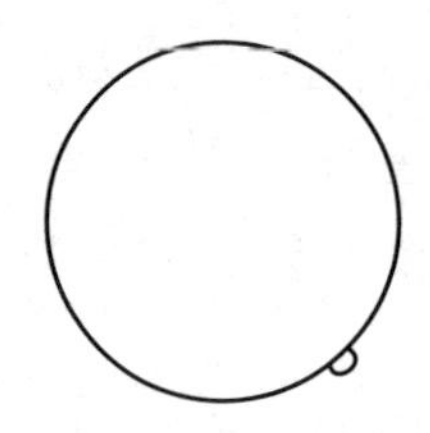

球面与花生米表面相交

曲面，可以看成曲面上的所有点的集合。两个曲面的交线，就是两个点集的公有元素所组成的集合。

集合A和集合B的公共元素组成的集合C，叫做A与B的交，记作$C = A \cap B$。这个交运算“$\cap$”，也适合交换律和结合律。它对并运算$\cup$还有分配律。反过来，$\cup$对$\cap$也有分配律：

$$A \cap (B \cup C) = (A \cap B) \cup (A \cap C),$$

$$A \cup (B \cap C) = (A \cup B) \cap (A \cup C)。$$

交的用处很多。代数里解二元一次联立方程，就是求两个方程解集合的交。几何作图里的交轨法，是利用两个轨迹的交。语言中有时连用几个形容词，也是在作交集。“小花猫”，就是小猫集合与花猫集合的交集。在推理小说里侦破人员常常根据线索把罪犯限制在几个集合之中，然后在这几个集合的交集上下功夫。如果肯定了罪犯是女性，罪犯是胖子，罪犯是左撇子，那就要在女人集合、胖子集合、左撇子集合几个集合的交集中去审查了。

交可以引出差。从 A 中除去 $A \cap B$ 的元素后，得到集 C，C 叫做 A 与 B 的差，记作 $C = A \setminus B$——注意不要写成了 A/B。

笛卡儿积——扑克牌与电影票

一副扑克牌，不算大王小王，还有 52 张。其中有 4 种花色和 13 种点子。

4 种花色组成集合 H:

$$H = \{\heartsuit, \diamondsuit, \spadesuit, \clubsuit\}$$

13 种点子组成集合 D:

$$D = \{A, 2, 3, 4, 5, 6, 7, 8, 9, 10, J, Q, K\}$$

从 H 中任取一个，例如♥，又从 D 中任取一个，例如 K，凑在一起，得到一张牌“红桃 K”。用数学语言说，这叫做由 H、D 中各取一个元素组成的序偶，记作 $\langle \heartsuit, K \rangle$。序偶是有顺序的对子。这种序偶共有 $4 \times 13 = 52$（个），就是 52 张牌。这些序偶也组成一个集合 P，叫做集合 H 与集合 D 的笛卡儿积，记作 $P = H \times D$。

集合 A 和集合 B 的笛卡儿积是 C，$C = A \times B$，则 C 中元素个数

恰好是 A 中元素个数与 B 中元素个数的乘积。集合的笛卡儿积是算术里数的乘法的基础。

笛卡儿积没有交换律与结合律，但它对∪与∩是可分配的：

$A\times(B\cap C)=(A\times B)\cap(A\times C)$，

$A\times(B\cup C)=(A\times B)\cup(A\times C)$。

两个以上的集合也可以做笛卡儿积。例如，当 $a\in A$，$b\in B$，$c\in C$ 时，由有序组（a，b，c）组成的集记作 $A\times B\times C$，叫做 A、B、C 的笛卡儿积。电影票上有日期、场次、几排、几号，可以把一张电影票看做 4 个集合的笛卡儿积里的一个元素。

笛卡儿积的名称来自笛卡儿坐标。在 X 轴上取一点 x，Y 轴上取一点 y，则（x，y）表示平面上的一点。平面恰好是两轴的笛卡儿积。

“屈指可数”是多少
——有限集的子集

粗想一下，扳着指头数，至多不过 10 个。细想却还有潜力。如果规定右手每个指头代表 5，左手每个指头代表 1，便可数到 30。如果再规定大拇指代表 25，就可以数到 74。

究竟潜力有多大？让我们从头算起。

两个拳头代表 0，右手的小指表示 1。为了表示 2，有两个办法：一个办法是让右手无名指代表 1，另一个方案是让它代表 2。采用后一方案好，因为顺便 3 也有了。为了表出 4，最好让右手中指代表 4，这时 5、6、7 都有了。再想下去，右手食指代表 8，大拇指代表

16，只用一只手的 5 个指头，便可以从 0 数到 31。

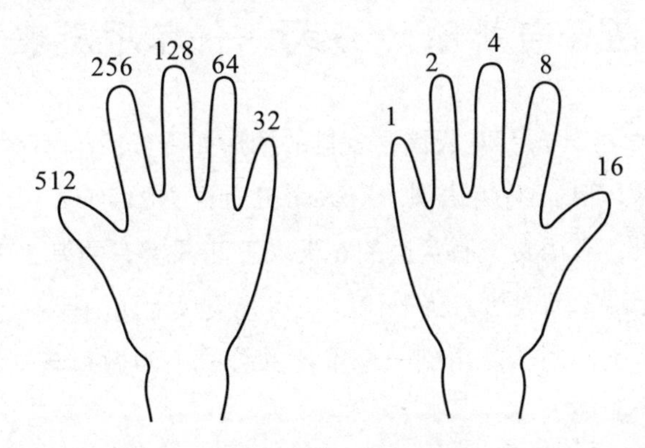

添上左手：左手小指表示 32，无名指 64，中指 128，食指 256，大拇指 512。算一算就知道，两只手的 10 个指头，能表示出从 0 到 1023，一共 1024 个数！

刚才只用了加法。如果用上乘、除、乘方、开方，能不能表出更多的数?

10 个手指组成一个集合。表示一个数时，要伸几个、屈几个。伸出的几个手指是十指集合的一个子集。一个子集当然只能代表一个数。10 个元素的集合有多少子集呢？包括空集，刚好有 1024 个子集。潜力已充分发挥了。

空集有一个子集——它自己。一个元素的集合有 2 个子集，空集和它自己。每添一个元素，子集的数目加一倍。因为原来的每个子集添上这个元素便生出一个新子集，一个变两个。这样便简单地算出：n 元素的集合，它一定有 2^n 个子集。子集的个数要比元素的个数多得多。

包含与排除的公式——容斥原理

业余大学一个月30天课程安排的情形如下：15天有数学课，14天有语文课，14天有英语课。有数学又有语文的7天，有数学又有英语的6天，有语文又有英语的6天。三门课都有的有3天。那么，有几天不上课？有几天只上一门课？有几天只上两门课？

计算这类问题，要用到一个重要的公式，叫做包含与排除的公式，或容斥原理。

用 M 表示30天所组成的集合。S 表示有数学课的日子之集，U 表示有语文课的日子之集，E 表示有英语课的日子之集。用 $|M|$、$|S|$、$|E|$ 分别表示 M、S、E 中元素的个数。设 A_0 是没课的天数，应当有：

$$A_0 = |M| - (|S| + |U| + |E|) + (|S\cap E| + |S\cap U| + |U\cap E|) - |S\cap U\cap E| = 30 - (15+14+14) + 7 + 6 + 6 - 3 = 3。$$

道理是这样的：如果某一天只有一门课，它仅在 $|S| + |U| + |E|$ 中被减去一次。如果上两门课，它在 $|S| + |U| + |E|$ 中被减了两次，当然不合理。幸好在 $|S\cap E| + |S\cap U| + |U\cap E|$ 中又被加上一次，就对了。上三门课时，在第一个括号里减去三次，在第二个括号里加上三次，在第三个括号里又减去一次。总之，每个上课的日子，在算式里都被减去了恰恰一次！

同样的道理，只上一门课的日子数

$$A_1 = 30 - 3 - (|S\cap E| + |S\cap U| + |U\cap E|) + 2|S\cap U\cap E| = 27 - (7+6+6) + 6 = 14。$$

只上两门课的日子数当然是30 - 3 - 14 - 3 = 10。

容斥原理的一般的提法是：设有了集合 M 和若干个性质 p_1，p_2，$\cdots p_n$。M 中具有性质 p_k 的元素组成子集 A_k。求 M 中恰好具有 $\{p_1, p_2, \cdots p_n\}$ 的 r 个性质的元素的个数（$r=0, 1, \cdots, n$）。

对于固定的 R，在 A_1，A_2，…，A_n 中任取 R 个求其交集。这些交集元素个数之和为 S_k，又记 $S_0 = |M|$，则 M 中恰有 r 个性质的元素个数为：

$$e_r = \sum_{k \geqslant r} (-1)^{k-r} C_k^r S_k \qquad (r=0, 1, 2, \cdots, n)。$$

这里 C_k^r 是组合数，$C_k^r = \frac{k!}{r!(k-r)!}$。按照上面的说明

$$S_k = \sum |A_{i1} \cap A_{i2} \cap \cdots \cap A_{ik}| \quad (1 \leqslant i_1 < i_2 < \cdots < i_k \leqslant n)。$$

如果 M 是从2到 m 的自然数，性质 p_k 是“被第 k 个素数整除”，这样求出的 e_0 就是不超过 m 的素数的个数。所以容斥原理对素数的研究是有用的。

补集与对偶律
——盘查库存就知道消耗

聪明的一休去统计树林里有多少棵树。他和几个伙伴用马车带去3000根草绳，每棵树上捆1根。最后还剩33根，就知道有2967棵树。

仓库管理人盘查库存，便知道物资消耗量。

一休和仓库管理人的办法，体现了集合的补运算的思想。

如果经常和某个大集合的子集打交道，便把这个大集合叫做

“全集”。全集，也就是所研究的所有个体之集。常把全集记作 E。从 E 中去掉 E 的子集 A 中的元素，剩下的元素组成的集合，叫做 A 的补集，简称为 A 的补。记号是 $\sim A = E \setminus A$，或 $\overline{A} = E \setminus A$。

补的思想在数学里很有用。速算法里常常利用补数，例如 97 关于 100 的补数是 3，256 和 97 相加时，可以加 100 再减 3；减去 97，可以减 100 再加 3。在平面几何里，常用到一个角的补角。

以补运算为桥梁，可以把并与交两种运算联系起来，相互转化。其基本公式是：

$$\sim(A \cup B) = \sim A \cap \sim B,$$

$$\sim(A \cap B) = \sim A \cup \sim B。$$

用这两个公式就可以推出：任何集合之间的恒等式，如果只涉及 $\cap$、$\cup$、$\sim$、$\subset$、$\supset$ 和一些代表集合的字母，那么，只要把 $\cap$ 与 $\cup$ 互换，$\subset$ 与 $\supset$ 互换，仍得到恒等式。因而恒等式总是成对出现。这就是集合论里的“对偶律”。

第十一章　关系、映射与等价

什么是关系

人与人之间有各种关系：朋友、同学、师生、父子、夫妻、敌对……事物之间也有各种关系：北京在黄河以北，中日两国一衣带水……这是地理关系。3 比 2 大，4 是 2 的平方，5 能整除 10……这是数与数之间的关系。两圆相切或相交，或外离、内离，两直线平行或相交……这是几何图形间的关系。我们经常用关系这个词，常觉得它是一个极平常的词。但要认真问起来，什么叫关系？能不能给关系下一个普遍适用的定义？却会使不少人为难。

在数学里，可以抽象地给关系下定义：

"设 A，B 是两个集合，由 A 中元素 x 和 B 中元素 y 配成的序偶 $\langle x, y\rangle$ 组成的每一个集合 R（也就 $A\times B$ 的每一个子集 R）都叫做 A 到 B 的一个关系。"

当 $\langle x, y\rangle \in R$ 时，便说 x 与 y 之间有 R 关系，记作 xRy。

比方说，a 能整除 b，这是整数之间的一种关系。在从 1 到 10 的 10 个数之间，这个关系就可以用序偶集 R 表示，R 里的元素是：

$\langle 1,1\rangle,\langle 1,2\rangle,\langle 1,3\rangle,\langle 1,4\rangle,\langle 1,5\rangle,\langle 1,6\rangle,\langle 1,7\rangle,\langle 1,8\rangle,\langle 1,$

$9\rangle$，$\langle 1,10\rangle$；

$\langle 2,2\rangle$，$\langle 2,4\rangle$，$\langle 2,6\rangle$，$\langle 2,8\rangle$，$\langle 2,9\rangle$，$\langle 2,10\rangle$；

$\langle 3,3\rangle$，$\langle 3,6\rangle$，$\langle 3,9\rangle$；$\langle 4,4\rangle$，$\langle 4,8\rangle$；$\langle 5,5\rangle$，$\langle 5,10\rangle$；

$\langle 6,6\rangle$；$\langle 7,7\rangle$；$\langle 8,8\rangle$；$\langle 9,9\rangle$；$\langle 10,10\rangle$

这 27 个序偶全面体现了在 1 到 10 这十个数之间的整除关系。

把关系定义为序偶的集合，这不符合日常思维的习惯。但是没有办法，这样定义才严密，才能把它作为逻辑推理的基础。

关系有各种各样的。

如果小羊是小马的同学，那小马也是小羊的同学。这种关系具有对称性。

如果小牛比小马大，小马比小羊大，则小牛比小羊大。这种关系具有传递性。

孪生兄弟年龄相同。“同岁”这个关系，不但对称、传递，而且是“自反”的，就是说自己和自己同岁。这叫自反性。

2 的相反数是 -2。-2 的相反数又是 2。这种关系，叫做对合关系。

关系和图

用序偶来表示关系，不那么生动直观。想要生动直观，可以用图表示。

画一个小圈代表一个人。两个人年龄相同，就把这两个圈用一条线连起来。至于这条线，可直可曲，画清楚就行。这种用小圈和线构成的图，就能把“同龄”这个关系表示出来。

图 11-1 表明，A 和 C 同龄，G、F、J 同龄，H、B、D、E、I 同龄……每人和自己同龄，所以每个小圈都和自己连一条线。5 个人同龄，这 5 人中每两个都同龄，所以两两都用线连起来。同龄关系是相互的，有对称性，两个圈之间的连线不用画箭头，不必区别是 A 到 C 还是 C 到 A。这种图叫做无向图。

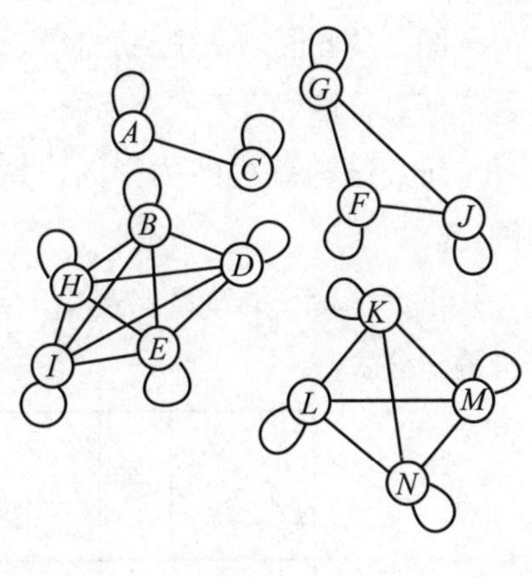

图 11-1

7 个排球队进行比赛，已经赛了 10 场。甲队战胜乙队，这个“战胜”，是一种关系，可以把 10 场比赛的胜负关系用序偶集合表示（如图 11-2）。比如，序偶〈青，红〉表示青年队胜红星队。胜负情况就是：

{〈青,红〉、〈工,学〉、〈学,农〉、〈农,青〉、〈市,师〉、〈青,师〉、〈市,青〉、〈工,农〉、〈红,工〉、〈学,青〉}

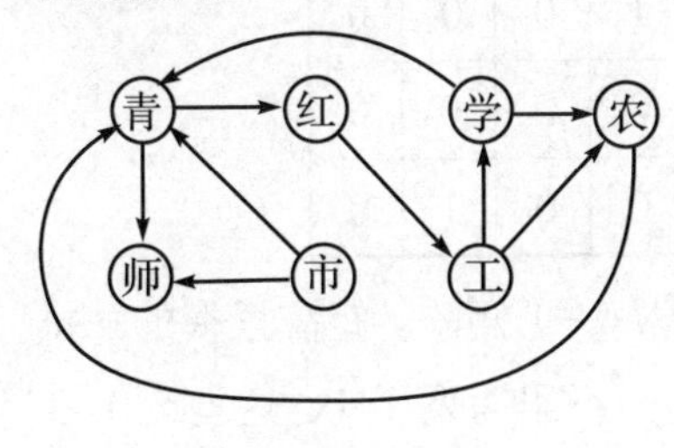

图 11-2

用图表示，一目了然：

从青到红画个带箭头的线，表示青胜红。在图上表示得很清楚：青年队赛过 5 场，两胜三负。工人队赛了 3 场，两胜一负……

这样带箭头的图，叫有向图。它可以表示非对称的关系，像胜负关系，师生关系。

图上的圆圈叫做顶点，顶点之间的连线叫做棱。每条棱联系着两个顶点，恰好表示一个序偶。

研究这种点线图的学问，是现代数学的一个重要分支，叫做图论。

不过，真正的体育比赛中，并不用图来记录胜负。通常是用这样的记分表：

得分＼对手	青	红	工	农	学	师	市
青	0	1	0	0	0	1	0
红	0	0	1	0	0	0	0
工	0	0	0	1	1	0	0
农	1	0	0	0	0	0	0
学	1	0	0	1	0	0	0
师	0	0	0	0	0	0	0
市	1	0	0	0	0	1	0

这样由 0 和 1 排成的矩形表，叫做 0—1 矩阵。矩阵里横的一排叫一行，竖的一排叫一列。“工”的一行里有两个 1，这两个 1 在“农”、“学”两列里，就表示工人队胜过两场，胜“农”队和“学”队各一场。

看见图，就可以排出这个 0—1 矩阵，看见 0—1 矩阵，也就能画出对应的图。利用矩阵研究图，叫做代数图论。

写矩阵时，要去掉上方和左方的汉字，加上两根弧线：

$$\begin{pmatrix} 0 & 1 & 0 & 0 & 0 & 1 & 0 \\ 0 & 0 & 1 & 0 & 0 & 0 & 0 \\ 0 & 0 & 0 & 1 & 1 & 0 & 0 \\ 1 & 0 & 0 & 0 & 0 & 0 & 0 \\ 1 & 0 & 0 & 1 & 0 & 0 & 0 \\ 0 & 0 & 0 & 0 & 0 & 0 & 0 \\ 1 & 0 & 0 & 0 & 0 & 1 & 0 \end{pmatrix}$$

矩阵是数学中一个十分重要的工具。它不一定非用 0 和 1 组成不可，也不一定是正方形。它可以由 m 行 n 列一共 $m \times n$ 个实数、复数或别的什么记号组成。在物理、化学、经济、生物学等各种学科里都少不了它。

有序和无序

一个词，一句话，字的先后顺序至关重要。“中华”与“华中”，意思大不一样。几千个汉字，按不同顺序排列组合，便成了诗、词、歌、赋、戏剧、小说。几个音符排来排去，就变成了动听的音乐。

化学元素按原子量大小排了顺序，元素性质的差异与相似表现出了周期性。排序，使门捷列夫得到了伟大的发现——元素周期律。

有时，顺序并不特别重要。$3+5=5+3$，反正一样。人物名单上加注“按姓氏笔画为序”，无非是表示：排在前面的人不见得是最重要的人物。尽管顺序不那么重要，还得排个顺序，不然就不方便。

字典、电话号码本，若不按一定的顺序编排，就难以查阅。

规定了一种办法、一个原则，把一个集合里的元素排出先后次序之后，这个集合便叫做有序集。

自然数、有理数、实数，按它们的大小，自然而然地成了有序集。复数是没有天然顺序的。其实，也可以硬给复数定顺序，不过意义不大。

顺序，是一种关系。这种关系常常用 $<$（小于）、$\leqslant$（小于等于），$\prec$（先于）等记号表示。一般的先后关系，常常用 $\prec$ 表示"$a \prec b$"，意思是 a 先于 b，即 a 排在 b 前面。

顺序关系应当满足三条公理：

（i）反自反性：$a \prec a$ 不成立。即一个元素不能在自己前面。

（ii）反对称性：$a \prec b$ 和 $b \prec a$ 不能同时成立。

（iii）传递性：若 $a \prec b$，$b \prec c$，则 $a \prec c$。

有时，在一个集合里，并不是每两个元素都能比较先后顺序。爷爷比爸爸大一辈，爸爸又比小明大一辈，这可以比较辈分大小。小明 11 岁，售货员姑娘 20 岁，该叫阿姨还是叫大姐姐？这就没有一定的规矩。他们之间没有确定的辈分关系。这种规定了部分元素次序的集，叫偏序集。如果每两个元素都能比较，就叫全序集。

映射（您贵姓?）中国人每人有一个姓。张伯伯、王叔叔、老赵、小李，称呼起来才方便。姓，实质上是什么？不过是一种对应，给每个人一个确定的符号而已。见面问"您贵姓?"也就是要请教一下人家和《百家姓》里的哪个符号对应。

多边形的模样变化万千，哪个大，哪个小？可以比较一下面积。什么是面积？面积是一个数。每个多边形有一个确定的面积，也就是按一定规律对应了一个数。求面积，就是找它对应的这个数。

二次方程有一个判别式，判别式是一个数。根据这个数是正，是负，是0，可以判别这方程是有相异实根、复根还是重根。让二次方程对应于判别式，方便了对它的研究。

每个无理数都是无穷的不循环小数。取四位有效数字，得到它的近似值。这就把每个无理数对应于一个有理数。

人有人名，地有地名，商品有商标，万物都有名称，连天上的星星也被取了名字。要是事物都没有名称，就不好说话。名称是什么？是给实物对应上的声音、符号。

化学里，元素有原子量；物理学里，物质有密度，都是物与数的对应。

一般说，如果对甲集合的每个元素，都指定了乙集合的一个元素和它对应，这种对应关系，便叫做甲集到乙集的映射。上面已经举了不少映射的例子。甲集合叫做映射的定义域，乙集合叫值域。一个映射可以用一个（或一组）字母表示，例如用 F，G……表示。这时，若甲集中的 x 对应于乙集中的 y，便可写成 $F(x)=y$（或 $G(x)=y$）。

在第一个例子中，如果用 S 表示中国人集合到百家姓集合的那个映射，便有

S(鲁迅) = 周。

在数学中，在一切科学中，在生活中，映射无所不在。因为事物的性质、关系、变化，常可以用映射来描述和刻画。

如果映射的定义域和值域都是数集，这种映射便叫做函数。

等价 （国旗上的大小五角星一样不一样?）说一样，对。它们都有五角，五个角都是36°，颜色都是黄的。说不一样，也对。一个

大，一个小嘛！

日常的语言不严密。在不同的场合，“一样”和“一样”的含义是不一样的。用几何术语可以说清楚：大小五角星是相似的，却不全等。这个“一样”，有时用来表示全等，有时用来表示相似，有时表示某些方面有共同点。但是不管“一样”有多少含义，它总该满足三条：

一、一个东西总该和自己一样；（反身性）

二、甲和乙一样，乙就该和甲一样；（对称性）

三、甲和乙一样，乙和丙一样，那甲就应当和丙一样，（传递性）

在数学里，用“等价”这个明确的术语代替日常用语中的模糊的“一样”。要是某个集合里，规定了两个元素之间的某种关系“～”（若元素 A 和 B 之间有这种关系，便写成 $A \sim B$）。若它满足

一、反身性：对一切 x，$x \sim x$；

二、对称性：若 $x \sim y$，则 $y \sim x$；

三、传递性：若 $x \sim y$，$y \sim z$，则 $x \sim z$；

则“～”叫做等价关系。

相等、全等、相似、等积、模 9 同余、符号相同，都是等价关系。$>$、$<$、$\in$、$\subset$，都不是等价关系。

有一种等价关系，就可以分类，彼此等价的属于一类，叫做划分等价类。

映射与分类

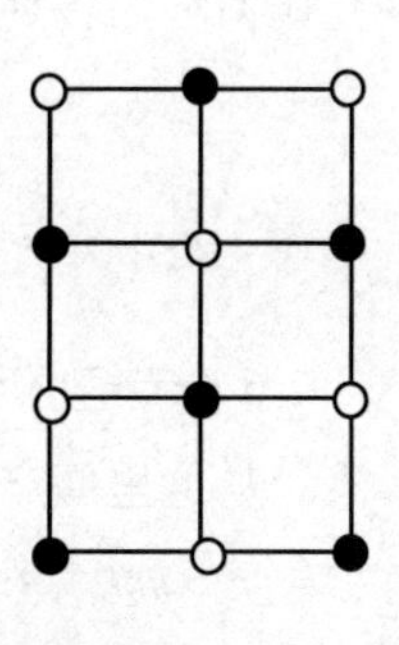

“中国象棋盘上的一匹马，跳1001步，能回到它的出发点吗?”要是具体地试这1001步的跳法，你的寿命是不够的。有一个妙法解决这个“难”题：把棋盘上的交叉点交替地染成黑色和白色（如右图)。马走日字，从白只能跳到黑，从黑只能跳到白。跳两步不变色，跳奇数步一定变色。1001是奇数，从黑点出发跳1001步只能到白点，当然不会回到原处了。

一个看来颇难的问题，只要恰当地把交叉点分成黑白两类，便顺利地解决了。

对事物分类，是常用的方法。按发音或偏旁、部首对汉字分类，字典才好查。动植物要分门、纲、目、属、种，医院看病要分科，百货公司卖商品要分柜……

映射可以帮助我们分类：

中国习俗，每人有个属相。1986年是虎年，这一年出生的人就属虎。属相有十二种：子鼠、丑牛、寅虎、卯兔、辰龙、巳蛇、午马、未羊、申猴、酉鸡、戌狗、亥猪。属相，就是把每个人映射到一种动物。映射到同一种动物的人，也就是属相相同的，归为一类。按属相把人分成十二类，便于记住年龄。

每个整数用9除，得一个余数：0，1，…，8。整数到余数的对应，也是一个映射。余数相同的属于一类，叫做模九同余类。同余类，在研究整数性质时很重要。

分类并不简单。动物学家有时会为一种新发现的动物应归入哪一目、哪一种而争论不休。有一门数学叫“聚类分析”，就是专门研究如何利用各种映射帮助人们合理进行分类的。

抽屉原则

6 个苹果放到 5 个抽屉里，总有一个抽屉里有 2 个或更多的苹果。从这里便产生一条原理——抽屉原则：把 n 个东西分成 m 类，如果 $n > km$，那至少有一类包含的东西不少于 $k+1$ 个。

这个原理也叫鸽笼原则、邮箱原则、重叠原则、狄利克雷原则。

抽屉原则虽然平凡而简单，但是极为有用。

一个工厂有 370 名工人。厂长断定，一定有 2 个或更多的工人在同一天过生日。因为一年至多 366 天，370 个人放到 366 个“抽屉”里，总有 2 个或更多的人在同一个抽屉里。

上海市有 1000 多万人口。其中一定有 100 个或更多的人，他们的头发根数一样多。道理很简单：人的头发至多也不到 10 万根。把头发根数一样多的人放到同一个“抽屉”里，也就是把 1000 多万人分到不到 10 万个“抽屉”里，总有一些抽屉里人数过百，否则，加起来就不够千万了。

抽屉原则能用来解决更难一点的问题。例如：从 10 个不同的两位数当中能不能找到这样两组数，它们的和相同呢？似乎很难说。可是一用上抽屉原则，便迎刃而解了：10 个元素能组成 1023 个非空的组，每组数之和不超过 990，把 1023 个组放到 990 个抽屉里，总有一些抽屉里有两组或更多的组。

用抽屉原则还能证明一件有趣的事：一群人里，至少有两个人在这群人中有相同数目的朋友！你想这是为什么？

拉姆赛理论

1947 年的匈牙利数学竞赛中有一个有趣的题目："求证：6 人同行，其中或有 3 人两两相识，或有 3 人两两不相识。"

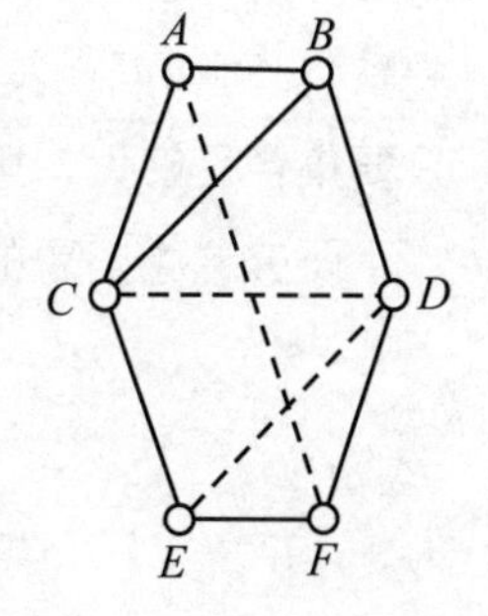

其实这是一个图的问题。在纸上画 A、B、C、D、E、F 6 个点代表 6 个人（如右图）。两个相识，两点之间连一条红色线段；不相识，连一条蓝色线段。要证的是，不论你怎样连，总会出现红色三角形或蓝色三角形。

事情不难说清楚：从 A 出发的 5 条线段里，至少有 3 条同色。不妨设 AB、AC、AD 都是红的。如果 $\triangle BCD$ 是蓝的，问题自然解决了。若 BC、CD、DB 中至少有一条是红的，比如 BC 是红的，那 $\triangle ABC$ 就是红的了。

这个题目引起了数学界的兴趣，从中引申出更深刻更一般的问题：

"几个点，两两之间用红色或蓝色画线段，至少一定出现多少个同色的三角形?"

古特曼在 1959 年证明：

当 $n=2m$ 时，同色三角形至少为

$$\frac{1}{3}m(m-1)(m-2)\text{个};$$

当 $n=4m+1$ 时，同色三角形至少为

$$\frac{2}{3}m(m-1)(4m+1)\text{个；}$$

当 $n=4m+3$ 时，同色三角形至少为

$$\frac{2}{3}m(m+1)(4m-1)\text{个。}$$

更一般的问题是：在一个大集合里，引进了它的元素之间或子集之间的一些关系（例如，两元素之间有一条红线相连，就是一种关系）。可以问：其中有没有具备某种特点的子集？经过研究发现，只要集合足够大，里面就会有各种各样的子集。

研究这类问题的一个数学分支，叫“拉姆赛理论”。

第十二章　无穷集的奥秘

伽利略的难题与康托尔的回答

发现自由落体运动规律的伽利略，提出过这样的数学问题：全体自然数多，还是全体完全平方数多?

完全平方数1，4，9，16，25，…仅仅是自然数的一部分。从1到10000的自然数里，它们仅占百分之一。从1到1亿这些自然数里，它们仅占万分之一。似乎应当说完全平方数少。但是，另一方面，有一个自然数，平方一下，便得到一个完全平方数。一对一，应当说一样多!

这个问题使数学家困惑了二百多年。德国数学家康托尔，集合论的创建者，给了这个难题一个出人意料简单的回答。

康托尔从根本概念入手：要问是不是一样多，先要弄清什么叫做一样多?

康托尔引入定义：如果两个集合A、B的元素之间能建立一个一对一的对应关系，就说A和B的元素一样多，或者说A和B有相同的势，也说A和B对等。记作$A \sim B$。

按这个定义，事情很简单。既然自然数和它的平方之间的对应是一对一的，它们只能是一样多。

同样的道理，偶数和自然数一样多，奇数和自然数一样多。如果一个集合里的元素和自然数一样多，就称这个集合为可数无穷集，或称可数集。

希尔伯特的旅店

也许你对上节中所说的有些结论想不通。完全平方数仅仅是自然数的一部分，部分怎能和全体一样多?

经验告诉我们，整体大于部分，然而这个经验来自对有穷集的观察。无穷集和有穷集不同，它有些怪脾气，我们不应当惊讶。

德国的著名数学家希尔伯特曾经用一个有趣的比喻来阐明有穷集和无穷集的不同：

人间的旅店，无论多么大，无论有多少房间，一旦客满，再来的客只有改投另一家住宿。现在试想象一下，有一家拥有无穷多房间的旅店。房间的号码用尽了所有的自然数：1 号，2 号，3 号……至于无穷。现在客满了，又来了一位旅客，怎么办? 服务员说：不要紧。1 号房间的客人移到 2 号，2 号客人移到 3 号……于是，1 号房空出来了。原来的客人仍然各得其所。

更严重的事态出现了：来了无穷多的一行旅客！服务员却仍然指挥若定，妥善安排：老住户都安排到双号房间，1 号到 2 号，2 号到 4 号，3 号到 6 号……所有的单号房都空出来了。新来的客人尽管和自然数一样多，仍能住得下。

无穷个房间和有穷个房间就是这样的不同。可以说，无穷集就是那种可以和自己的某个真子集建立一一对应的集合。

分 数 排 队

在数轴上，整数稀稀拉拉，分数密密麻麻。在3和4、4和5之间，n到$n+1$之间就没有整数了。可任意两分数$a<b$之间，总还有分数，例如$\frac{a+b}{2}$就是。

这么说，似乎分数比整数多。其实，分数不过和整数一样多。要证明分数和整数一样多，只要把分数排成一行：第一个，第二个，第三个……排成了队，就能和自然数一一对应，就说明分数和整数一样多了。

首先是0，然后是1和-1，再后面是2，-2；3，-3，$\frac{1}{2}$，$-\frac{1}{2}$；然后是4，-4，$\frac{1}{3}$，$-\frac{1}{3}$；5，-5，$\frac{1}{4}$，$-\frac{1}{4}$，$\frac{3}{2}$，$-\frac{3}{2}$，$\frac{2}{3}$，$-\frac{2}{3}$，…

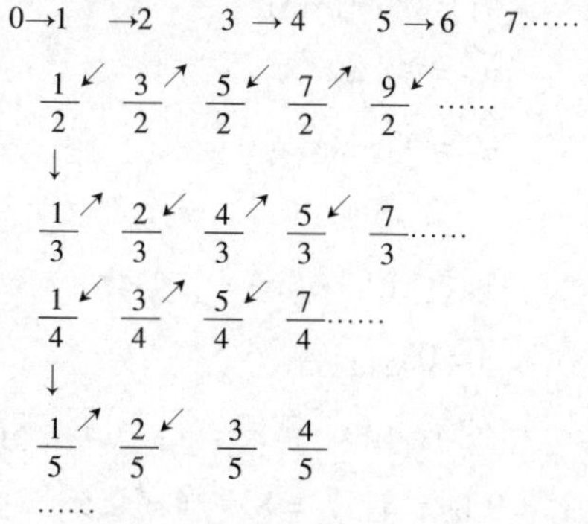

具体规律：把正分数写成既约形式，再算一算分子分母之和。“子母和”小的排在前面，“子母和”大的排在后面，所有的正分数便排成了队。再把每个正分数后面添上一个负分数——它的相反数，所有的分数便排成一队了。

$0 \to 1 \quad \to 2 \quad 3 \to 4 \quad 5 \to 6 \quad 7$……

$\frac{1}{2}\swarrow \quad \frac{3}{2}\nearrow \quad \frac{5}{2}\swarrow \quad \frac{7}{2}\nearrow \quad \frac{9}{2}\swarrow$ ……

$\downarrow$

$\frac{1}{3}\nearrow \quad \frac{2}{3}\swarrow \quad \frac{4}{3}\nearrow \quad \frac{5}{3}\swarrow \quad \frac{7}{3}$……

$\frac{1}{4}\swarrow \quad \frac{3}{4}\nearrow \quad \frac{5}{4}\swarrow \quad \frac{7}{4}$……

$\downarrow$

$\frac{1}{5}\nearrow \quad \frac{2}{5}\swarrow \quad \frac{3}{5} \quad \frac{4}{5}$

……

看看右边这个图，分数排队的

方法更为直观具体。

用类似的办法，可以把所有整系数多项式也排成一队，所以整系数多项式总数和自然数一样多。整系数多项式的根叫做代数数，这表明代数数不过和自然数一样多。

实数比有理数多

自然数和完全平方数一样多，有理数和自然数也一样多。是不是所有的无穷集都一样多呢？并非如此。实数就比自然数多，因而它也比有理数多。

要证明实数比自然数多并不难。

用反证法。假如有人声称实数和自然数一样多，也就是他把所有实数排成了一队：

a_1，a_2，a_3，…，a_n，…

我们马上就能推出矛盾。因为每个实数都可以写成一个整数加上一个无穷小数：

$a_1 = N_1. x_1^1 x_1^2 x_1^3 \cdots$

$a_2 = N_2. x_2^1 x_2^2 x_2^3 \cdots$

$a_3 = N_3. x_3^1 x_3^2 x_3^3 \cdots$

……

现在我们构造一个实数

$A = 0. y_1 y_2 y_3 \cdots y_n \cdots$

使 y_1 和 x_1^1 不同，y_2 和 x_2^2 不同，…，y_k 和 x_k^k 不同。比如说：当 $x_k^k = 9$ 时，让 $y_k = 8$；当 $x_k^k < 9$，让 $y_k = x_k^k + 1$。现在问，A 是队伍中的

第几个？因为假定所有的实数都排成了队，A 应当是 a_1，a_2，…中的一员。比如说 A 就是 a_{10}，则 A 的小数点后第十位 y_{10} 应当和 a_{10} 小数点后第 10 位 x_{10}^{10} 一样。但按 A 的构造法，y_{10} 和 x_{10}^{10} 一定不同，这就推出了矛盾。这个矛盾表明，说实数能排成一行是错误的！

既然实数比自然数多，那么无理数一定比有理数多。这是因为，如果无理数和有理数一样多，有理数又和自然数一样多，全部实数就和整数一样多了。

一截线段上的点和整个空间的点一样多

线段上有无穷多个点。10 厘米长的线段上的点，会不会比 1 厘米长的线段上的点多呢？

想当然是会搞错的。右面的图（1）告诉我们，短线段上的点和长线段上的点可以建立一一对应，所以是一样多的。

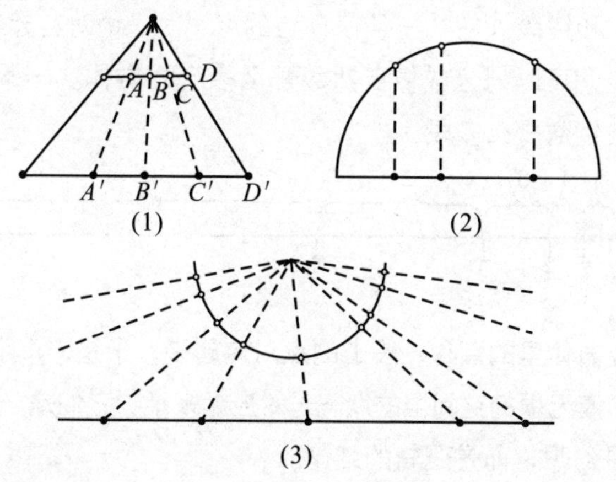

图（2）表明，半圆周上的点和直径上的点一样多。

有限长的线段上的点和整条直线上的点是不是一样多呢？图（3）表示，半圆上的点和无限长的直线上的点一样多！

正方形里的点，总该比它的一条边上的点多吧？集论的创始人康托尔也是这么想的。他想了两下，想出了一个相反的答案：一样多。道理惊人地简单：如下图，不妨设正方形在第一象限，4个顶点是（0，0）、（1，0）、（0，1）、（1，1）。正方形内一个点可以用它的坐标（x，y）表示，比如：

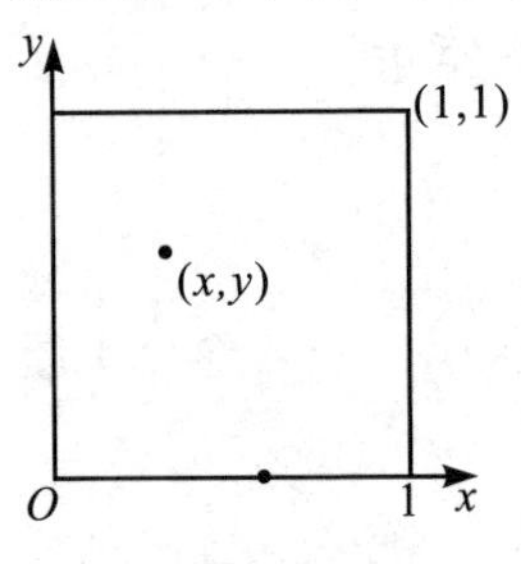

$$\begin{cases} x = 0.31350724\cdots \\ y = 0.9486135\cdots \end{cases}$$

来个队形变换，两列化成一列，得到一个数

$$a_{(xy)} = 0.391438560173254\cdots$$

这就把正方形里的点和0到1之间的数一对一地对应起来了。

同样的道理，三队也可以化成一队。这就能把正立方体里的点（x，y，z）和线段（它的一条棱）上的点一对一地对应起来了。

整个空间可以划分成像自然数那么多个立方体。一条线也可以划分成像自然数那么多段：

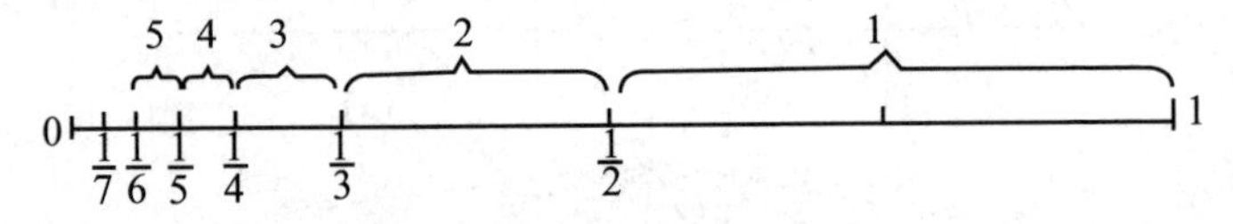

每个立方体里的点和一段上的点对应起来，于是，小小的线段上的点便和广漠无垠的空间里的点一一对应起来了。它们是一样多的！

这不是幻想，而是逻辑的结论。

第十三章　逻辑与推理

命题——不是错的，就是对的

逻辑推理，要讲道理，就要说话。话要一句一句地说，所以要从一句话开始研究。

话有真话、假话，但并非每句话都分得出真假。“您多大年纪啦?”这是个疑问句。疑问句无所谓真假。“祝大家新春如意!”“请勿抽烟。”“气死我了!”这里有祈使句，有感叹句，也没有什么真假之分。

讲逻辑，特别是数理逻辑，关心的是判断句、陈述句。作判断，陈述事情，要负点责任，对就对，错就错，真就真，假就假，不能含糊其辞，模棱两可。这种要么真、要么假的句子，叫做命题。

“月亮是地球的卫星”，“$7>5$”，“$(a+b)^2=a^2+2ab+b^2$”，“狗是哺乳动物”，“平行四边形的对角线互相平分”，这些都是真命题。

“鲸是鱼类”，“2 是无理数”，“诗人李白是汉代人”，这些是错的，却仍是命题，是假命题。

“火星上有生物”，“人类在 21 世纪能征服癌症”，这些句子，究竟是真是假，由于我们的知识不够，还说不准它们是真是假。但从道理上说，它不是真的，就是假的。尽管我们不知道它是真是假，也仍然承认它是命题。

可以用一个字母表示一个命题。如果命题 A 是真的，就说“A 的真值为 T”，记作 $A=T$，A 是假的，就说“A 的真值为 F”，记作 $A=F$，这里，T 和 F 分别代表 True 和 False。

只有0与1的算术和代数

有一种算术，简单得只有0和1两个数。用字母来代替0和1，便有了一种极简单的代数。

这种代数里有加法和乘法，没有减法和除法。加法和乘法的规则是

$$\begin{cases}1+1=1,\\1+0=1,\\0+1=1,\\0+0=0。\end{cases}\qquad\begin{cases}1\times1=1,\\1\times0=0,\\0\times1=0,\\0\times0=0。\end{cases}$$

除了 $1+1=1$ 之外，一切都和普通的算术没有区别。

这种算术叫布尔算术。$1+1=1$ 叫做布尔加法。布尔算术引进了字母，就成了布尔代数。交换律、结合律、分配律，在布尔代数里统统成立。不但乘对加有分配律，加对乘也有分配律。这是一种既简单又方便的代数。

别以为简单了就没用。布尔代数可以用在逻辑演算、开关电路分析、计算机电路设计等许多方面。

把布尔代数用在逻辑上，1代表真，0代表假。一个命题 A 真，就是 $A=1$，A 假，就是 $A=0$。比如，可以说“$3+8=11$”$=1$，“$5>7$”$=0$，等等。

两个命题 A 和 B，可以构成新命题 $C=$ “A 和 B 中至少有一个是真的”。这时，就可以说 $C=$ “A 或 B”。用符号表示，就是 $C=A+B$。这里的“+”恰巧是布尔加，也叫逻辑加。不是吗？只要 A、B 中有一个是1（即真），C 一定是1（即命题 C 真）。

用另一种方式，能用 A 和 B 构成另一个命题：$D=$“A 与 B 都是真的”。

用符号表示，就是 $D=A\times B$，简单一点，就是 $D=AB$。这里的乘法，恰巧是布尔乘法，也叫逻辑乘。只要 A、B 中有一个是0（即假），则 D 也就是假的了。

布尔代数里还有一种运算，叫做“非”，或“逻辑非”。“非 A”，就是 A 上画一杠：$\overline{A}$。A 代表一个命题，$\overline{A}$ 就代表命题“A 不真”。显见：

$$\overline{1}=0,\overline{0}=1。$$

把“非”运算和布尔加、布尔乘联系起来，有一对重要的公式

$$\overline{(A+B)}=\overline{A}\,\overline{B},$$

$$\overline{AB}=\overline{A}+\overline{B}。$$

叫做迪·摩根公式。

用代数方法改造逻辑，用运算推理，曾是解析几何的创建人笛卡儿的伟大抱负。他从解析几何里看到了代数方法的威力，便进一步想用代数方法去处理逻辑。可惜他只留下了未完的草稿。微积分的创建人之一莱布尼兹，曾试图用自然数代表概念，乘法代表概念的组合。例如，7 代表白，3 代表猫，3 ×7 =21，21 就代表白猫。不过，这些设想并没有结出丰硕的成果。

到 1847 年，自学成才而当上数学教授的布尔（C. Boole，1815～1864），出版了一本《逻辑的数学分析》，提出了布尔代数的基本思想，打开了逻辑代数化的大门。他的书，当时很少有人重视，现在已

译成各国文字，多次再版。布尔已成为家喻户晓的人。

推理的法则

推理是一种思维过程，可是思维却不一定是推理。甜蜜的回忆、愉快的遐想，是思维活动，并非推理。

如果你在推证一个几何定理，或根据物理定律设法解释一种现象，或猜谜，或在检查一台电视机的故障，这时，你的大脑里往往要进行一种特定的思维活动——推理。从一些事实或断言出发，按照一定的模式去寻找新的信息，这是推理。

见到1只乌鸦是黑的，2只也是黑的，100只都是黑的，因而断言"天下乌鸦一般黑"，这种从大量经验事实出发作出判断，叫归纳推理。数学家提出猜想，往往借助于归纳推理。

从一些给定了的命题——前提出发，使用逻辑法则，一步一步推演出新的命题，这叫演绎推理。从牛顿三大定律和万有引力定律推出行星绕日走的是椭圆轨道，从几何公理出发证明三角形内角和是180°，用的是演绎推理。

有些演绎推理，推理过程要依赖命题的具体内容，例如：

"$\underbrace{\text{若 } p \text{ 整除 } q,}_{\text{命题 } A}$

$\underbrace{q \text{ 能整除 } r,}_{\text{命题 } B}$

$\underbrace{\text{则 } p \text{ 整除 } r。}_{\text{命题 } C}$"

这里，确实从A、B能推出C。但是推理时一定要用到"整除"的含义，不知道什么叫整除,就无法完成这个推理。

有些推理过程,不涉及命题的具体内容。例如:

A——a 是素数;

B——a 是完全数;

$\overline{B}$——a 不是完全数;

$A+B$——a 是素数或 a 是完全数。

则从$(A+B)\overline{B}$能推出 A(也就是从"a 不是完全数",并且"a 是素数或 a 是完全数",就能推出"a 是素数")。在推理过程中,不必知道什么叫素数,什么叫完全数。

用"⇒"表示"推出",刚才所说的推理过程可以用一个公式来展示:

$$(A+B)\overline{B}\Rightarrow A。$$

这个公式永远是真的,不管 A、B 是什么命题。

像这种不依赖命题内容的推理公式,即推理法则是很多的。最基本的有这几条:

1° $PQ\Rightarrow P$,

2° $P\Rightarrow(P+Q)$,

3° $\overline{P}P\rightarrow Q$($P\rightarrow Q$ 读作"若 P 则 Q",它等价于$\overline{P}+Q$,即"要么 P 假,要么 Q 真"),

4° $Q\Rightarrow(P\rightarrow Q)$,

5° $P(P\rightarrow Q)\Rightarrow Q$。

这里 5°就是大家熟悉的三段论法:

$(P\rightarrow Q)$ ……若 P 则 Q (大前提)

P …… P (小前提)

$\Rightarrow Q$ (结论) Q

逻辑代数与开关电路

在“只有0与1的算术和代数”这一节里，我们知道可以用1和0代表命题的真和假。这时，布尔代数——逻辑代数里的+和×恰好意味着命题连接词“和”与“或”。

数学有一个绝妙的特点——它往往能把似乎不相干的两个问题用一个办法处理。

用1和0不仅能代表命题的真和假，还能代表电路开关的开（接通）与关（切断）。

设A和B都是开关。若A开，就是$A=1$；若A关，就是$A=0$。

把A、B两个开关并联，得到一个电路，只要A、B中有一个开，这个电路就通了。A、B都关了，电路就断了。电路的通与断，正好就是A与B的布尔加$A+B$所表示的情况——A、B中有一个是1（开），$A+B$就是1（通）。

如果A和B串联呢？A、B中有一个关了，串联电路就断了。串联电路恰好和A与B的布尔积表示的一样——A、B中有一个0（关），AB就是0（断）。

如果A是双连开关，双连开关的另一接点可以用$\overline{A}$表示。$A=0$（关），则$\overline{A}=1$（开），$A=1$（开）则$\overline{A}=0$（关）。用A、B两个双连开关，可以组成楼梯照明开关电路。这个电路的代数表示是：

$$P=AB+\overline{AB}。$$

你可以验算一下，A与B有一个变了，P也变了。

布尔代数把电路和逻辑联系起来了，这给电子计算机的逻辑功能提供了依据。

第十四章　变量与函数

变量和常量

圆周率 $\pi = 3.14159\cdots$，马克思生于1818年，这里的数量是永远不变的。到邮局寄信，国内平信8角钱，挂号信2元8角，这里的数量在一定时期是不变的。在考虑一个问题时，若一个量在全过程中只能取一个确定值，就叫它常量。

一个城市的人口，每天都会变化。感冒病人的体温，早晨晚上都不同，这种量叫变量。农民种小麦施肥，每亩可能施10斤尿素，也可能施9斤或12斤。你到邮局里去发信，可能发1封，也可能发5封。这也是变量。

一般地说，在我们考虑一个问题时，有些量可以取不同的数值。这种量叫变量。

随问题的不同，同一个量可能有时看成变量，有时看成常量。到商店买白布，1米2.45元，10米24.50元，这里布的单价是常量，它不随买布的多少而变。如果研究100年来白布价格的升降变化，那当然要把布的单价看成变量了。

不同性质的变量，取值范围是不同的。到邮局寄信，不能寄 -2

封、$\sqrt{3}$ 封、3.7 封，只能寄非负整数那么多封。圆的半径，可以是任意正实数。温度的变化范围，却能从 -273 ℃到上千上万。一个变量可能取值的数集合，叫做它的变化域。

函数概念——算得出与算不出

种田要施肥，施肥量和产量当然有关系。但是，知道这一亩小麦施用 10 千克尿素，却无法确定它究竟会产多少千克小麦。

长方形的周长和面积是有联系的。可是知道了周长，却无法确定它的面积。

一个题目里，未知数应当和已知数有联系。可是光有联系还不够，还应当有确定性的联系，有制约关系。这才可能从已知数出发找到未知数来。施肥量不能制约产量，矩形周长也不能制约面积。

一支铅笔 5 分钱，三支 1 角 5，x 支便是 $0.05x$ 元。铅笔的支数 x 制约了钱数 y，$y=0.05x$。

正方形的周长 l 给定了，面积 S 也定了。l 可以制约 S，

$$S=\left(\frac{l}{4}\right)^2。$$

如果变量甲可以制约变量乙，甲定了，乙也定了，就说乙是甲的函数。甲叫主变量（或自变量），乙叫做从变量（或因变量）。

买铅笔的例子里，钱数 y 是铅笔数 x 的函数，函数关系可以用 $y=0.05x$ 表示。正方形的面积 S 是周长 l 的函数，函数关系可以用 $S=\left(\frac{l}{4}\right)^2$ 表示。

在函数关系中，主变量变化的范围叫做函数的定义域。函数值

取值当然也有一定的范围。

函数，就是数集合到数集合的映射。函数是映射的特例，映射是函数的推广。

函数不一定都能用代数式子表示，可以用列表、绘图、标尺、计算程序各种办法来描述。可以用一个字母，例如 A、f、g、X……来表示一个函数关系。例如，x 在集合 M 中变化，x 的函数 y 在集合 S 中变化，用 f 表示 x 与 y 的函数关系，这件事可以表成，

$$f: M \to S,$$

或
$$y=f(x) \quad (x\in M,\ y\in S)。$$

这里 x 要取遍 M，y 却不一定取遍 S。

这个“f”，如同一台加工机器，x 放进去，加工后变出一个 y 来。一个 f，可以代表一堆运算，例如：说定了

$$f(x)=3x^2+4x-7,$$

那么 $f(5)$ 就可以表示“$3\times5^2+4\times5-7$”这么一大串，多么方便。

如果对每个 y，指定 $x\in M$ 使 $f(x)=y$，把这个 x 看成 y 的函数 $\varphi(y)$，$\varphi(y)$ 叫做 $f(x)$ 的一个反函数。f 的反函数 φ 的定义域应当是 $f(M)$，即所有 $f(x)$ 之集，φ 与 f 之间要满足 $f(\varphi(y))=y$。

长度、面积与体积

用放大镜看一个小小的正立方体，棱长放大到 3 倍时，表面积放大到 9 倍，而体积放大到了 27 倍。

一条棱长为 x 时，正立方体的所有棱长加起来是 $L(x)=12x$，所有的面的面积加起来是 $S(x)=6x^2$，而它的体积是 $V(x)=x^3$。$L(x)$、

$S(x)$、$V(x)$都是 x 的函数。它们有统一的形式

$$f(x)=ax^n。$$

这里 a 和 n 是常数。这种形式的函数叫幂函数，n 叫做幂指数，它可以是整数、分数、无理数，可正可负。

任何形状的物体，成比例放大时都有类似的情形。它的尺寸增长到 x 倍时，表面积将增长到 x^2 倍，体积将增长到 x^3 倍。也就是说，表面积是直径的二次函数，体积是直径的三次函数。这里“直径”是指该物体上两点距离的最大值。

圆的面积为 S 时，半径 $r=\sqrt{\frac{S}{\pi}}=\frac{1}{\sqrt{\pi}}S^{\frac{1}{2}}$。所以半径又是面积的幂函数，不过幂指数是$\frac{1}{2}$，不是整数罢了。

矩形面积 S 给定时，如果知道了它的宽 x，则长 $y=\frac{S}{x}=Sx^{-1}$。这时，长 y 是宽 x 的幂函数。幂指数是负数，-1。

幂函数是用处广泛的一类函数，利用它的性质能说明一些有趣的现象。例如：雨滴下落时，所受重力与它的体积成正比，空气阻力与表面积成正比。但体积是直径的三次幂函数，表面积却是直径的二次幂函数。因而$\frac{重力}{阻力}$与直径的一次幂——即直径——成正比，直径越小，相对说来阻力越大，下落得越慢。所以极微细的水珠会长期在空气中飘浮。美丽的彩虹，就是由这些小水珠折射阳光而形成的。

一个孩子怎能拉住一头牛

放牛的孩子只要把绳子在一棵大树上绕两圈，用手轻轻地拉着绳头，就能把一头牛拉住。

这是因为，绳子和树的摩擦阻力帮了孩子的忙。摩擦阻力有多大呢？设牛的拉力是 F，摩擦阻力的计算公式是

$$N=F(1-e^{-\mu\theta})。$$

这里 μ 是与摩擦系数有关的常数，e 是自然对数的底，$e=2.71828\cdots$，θ是绳子在树上的缠绕角度，比如，绕一圈时 $\theta=2\pi$，两圈 $\theta=4\pi$，等等。按这个公式，孩子要用的力是

$$F-N=Fe^{-\mu\theta}。$$

树皮是粗糙的，摩擦系数不会很小。即使 $\mu=0.3$ 吧，绕上三圈 $e^{-0.3\times6\times\pi}$ 大致是 $\frac{1}{285}$。也就是说，牛使出 300 千克力气来拉，小孩只要用 1 千克多的力，就能拉住它！

这里，我们用到一个函数 e^x。当 x 增长时，e^x 增长得很快，比

如，$e^{0.5}\approx1.65$，$e^5\approx148$，而 $e^{10}\approx22026$。反过来，当 x 减少时，e^x 迅速地趋于0。例如：$e^{-1}\approx0.37$，$e^{-3}\approx0.05$，$e^{-10}\approx0.00005$。

指数函数 e^x 是十分重要的函数，高等数学里许多公式少不了它。我们已经知道，甚至洗衣服洗净的程度，复利的计算都能和它挂上钩！

原子能科学的主角是放射性元素。放射性元素不断地放射出基本粒子而蜕变。一块放射性元素，经过 7 年（或 7 月，7 小时，7 秒）还剩多少呢？这又要用指数函数描述。质量为 m 的一块放射性元素，经过时间 t 之后剩下的质量 $m(t)$ 是：

$$m(t)=me^{-\alpha t}。$$

这里 α 和元素的性质和时间单位的选取有关。要是到了时刻 $\alpha=T$，$m(T)$ 只剩下开始质量的一半了，T 叫做这种放射性元素的“半衰期”。想求半衰期，可以解方程

$$m(T)=\frac{m}{2}。$$

即

$$me^{-\alpha T}=\frac{m}{2}。$$

$$\therefore\quad e^{-\alpha T}=\frac{1}{2}。$$

两边取自然对数得

$$T=\frac{\ln 2}{\alpha}。$$

所以 $\alpha=\dfrac{\ln2}{T}$。故 $m(t)$ 的公式也可以写成

$$m(t)=me^{-\frac{t\ln 2}{T}}。$$

振 动 与 波

微风吹过，树枝颤抖，投石入水，波纹荡漾。这是常见的振动现象。还有大量的眼睛看不见的振动过程，在我们周围经常发生。声波、光波、电磁波，都是由振动产生的。若没有振动，没有由振动产生的各种波，我们就不能听，不能看，不能用无线电传送信号，世界将陷入黑暗与沉寂之中。

最简单的振动叫简谐振动。匀速圆周运动的质点，从侧面看，它就在做简谐振动。用均匀的螺旋弹簧挂起一个小球，用手拉一下小球再放开，小球会一上一下地振动。要是没有空气阻力和弹簧的内阻力，它会一直振下去。它的振动方式也是简谐振动。

简谐振动时，位移 y 和时间 t 的关系是：

$$y=A\sin\left(\frac{2\pi t}{T}+\theta\right),$$

或 $y=A\cos\left(\frac{2\pi t}{T}+\varphi\right)$。$A$ 是振幅，T 是周期，θ 和 φ 与振动体的初始位置有关。

我们照明用的交流电，电压的变化也可以用正弦函数 $V\sin\frac{2\pi t}{T}$ 表示。通常 $T=\frac{1}{50}$ 秒或 $\frac{1}{60}$ 秒。

其他各种各样的振动，都可以用若干个正弦函数和余弦函数之和来描述。

正弦函数 $\sin x$，余弦函数 $\cos x$，还有它们的比值 $\tan x=\dfrac{\sin x}{\cos x}$，$\cot x=\dfrac{\cos x}{\sin x}$，统称为三角函数。这类函数在几何证题与计算、测量、绘图以及描述各种自然现象方面，有广泛的应用。

正弦函数面面观

正弦函数记作 $\sin x$。一个直角减 x，得 x 的余角。x 的余角的正弦就是余弦 $\cos x=\sin\left(\dfrac{\pi}{2}-x\right)$。余弦和正弦相比得余切 $\cot x=\dfrac{\cos x}{\sin x}$，上下颠倒又得到正切 $\tan x=\dfrac{\sin x}{\cos x}$。三角函数虽然有好几个，但都可以从一个正弦出发产生出来。了解了正弦，就都了解了。

抓住一点带动全局，这是数学里常用的方法。

正弦函数可以有种种定义方法。

如图 14－1，直角三角形 ABC 中，若 C 是直角，则 $\sin A=\dfrac{BC}{AB}$，即锐角 A 的正弦等于 A 的对边比斜边。这是最普通的定义，这个定义在解几何题和三角计算时很方便。

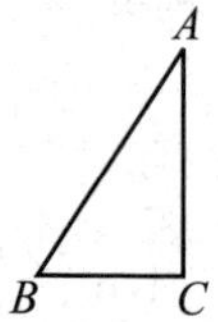

图 14－1

如图 14－2，在以 O 为原点的笛卡儿坐标系里，线段 OP 从 x 轴上开始旋转。它与 Ox 轴正向形成有向角 α，若 P 的坐标是（x，y），则 $\sin\alpha=\dfrac{y}{OP}$。这是对锐角正弦的直接推广。

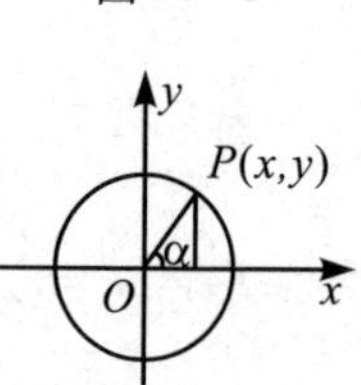

图 14－2

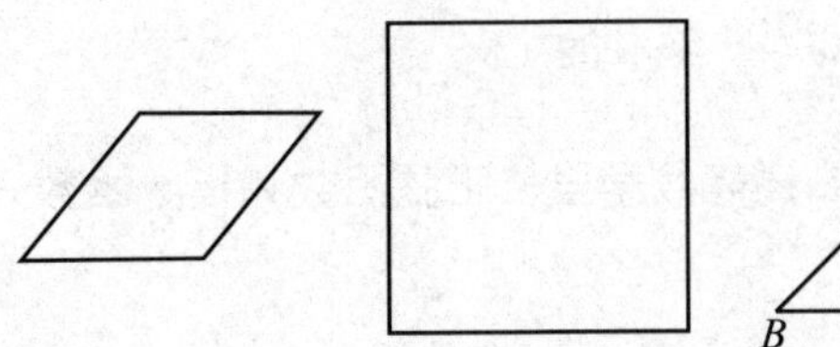

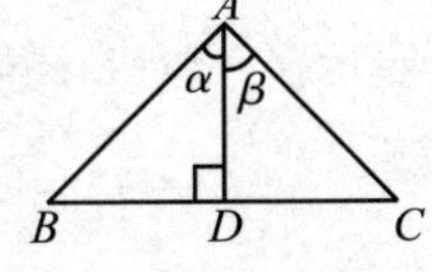

图 14-3

如图 14-3，画一个边长为 1 的小菱形，如果它有一个角为 α，它的面积恰是 $\sin\alpha$。由此马上得知若两角 α 与 β 互补，则 $\sin\alpha$ 和 $\sin\beta$ 是同一个菱形的面积，所以 $\sin\alpha=\sin\beta$。同时马上得到一个三角形面积公式：

$$\triangle ABC=\frac{1}{2}AB\cdot AC\sin A。$$

如果 AD 是 $\triangle ABC$ 的高，D 在 BC 上，$\angle BAD=\alpha$，$\angle CAD=\beta$，从显然的等式

$\triangle ABC$ 面积 $=\triangle ABD$ 面积 $+\triangle ACD$ 面积

出发，马上得到恒等式

$$\sin(\alpha+\beta)=\sin\alpha\cos\beta+\cos\alpha\sin\beta$$

这是一个关于正弦函数的最最重要的等式。有了它，就有了许多三角恒等式。从它出发，就可以造正弦函数表。最早的三角函数表，正是用这个公式造出来的。

但是，用级数展开法计算正弦函数，更加方便：

$$\sin x=x-\frac{x^3}{3!}+\frac{x^5}{5!}-\frac{x^7}{7!}-\cdots+(-1)^n\frac{x^{2n+1}}{(2n+1)!}+\cdots$$

用它计算 $\sin 1°$，取 $x=1°\times\frac{\pi}{180°}=\frac{\pi}{180}=0.0174533\cdots$，只取前两项，

误差小于$\frac{x^5}{5!}\approx 1.35\times 10^{-11}$。够准的了。

用 i 表示$\sqrt{-1}$，在高等数学里，正弦函数和指数函数之间有个有趣的关系：

$$\sin x=\frac{e^{ix}-e^{-ix}}{2i}。$$

相应地，$\cos x=\frac{e^{ix}+e^{-ix}}{2}$。这些公式可以从著名的欧拉公式

$$e^{i\theta}=\cos\theta+i\sin\theta$$

简单地推出来。

初等函数类

梁山泊山寨里有千军万马，《水浒传》里只写了一百单八将。这一百单八将里，着力描绘的不过是宋江、李逵、武松、林冲、鲁智深等十几个人。这是写小说的方法，也是研究数学的方法。

高等数学要研究函数。特别关心那些在科学技术中用得最多，大家最熟悉的一批函数，叫做初等函数类。这中间最基本的是：

一次函数 $ax+b$（$-\infty<x<+\infty$，a，b 是任意实数），幂函数 x^k（k 为正整数时 $-\infty<x<+\infty$；k 为负整数时 $x\neq 0$，k 非整数时 $x>0$）。

指数函数 e^x 或写作 $\exp(x)$（$-\infty<x<+\infty$），指数函数的反函数是对数函数 $\ln x$（$x>0$）。

三角函数 $\sin x$，$\cos x$（$-\infty<x<+\infty$），

$\tan x\left(x\neq 2k\pi\pm\frac{\pi}{2}\right)$，$\cot x$（$x\neq k\pi$）（$k=0,\pm 1,\pm 2,\cdots$）。

反三角函数 $\arcsin x\left(-1\leqslant x\leqslant 1,\text{取值于}\left[-\frac{\pi}{2},\frac{\pi}{2}\right]\right)$，

$\arccos x(-1\leqslant x\leqslant 1,\text{取值于}[0,\pi])$，

$\arctan x\left(-\infty<x<+\infty,\text{取值于}\left(-\frac{\pi}{2},\frac{\pi}{2}\right)\right)$，

$\text{arccot}\, x(-\infty<x<+\infty,\text{取值于}(0,\pi))$。

从这些基本初等函数出发，经过有限次四则运算和复合运算得出的一大堆函数，组成初等函数类。

比如，$f(x)=x^x$ 是不是初等函数？因为

$$x^x=\exp(\ln x^x)=\exp(x\ln x)$$

可见 x^x 可以由 x 与 $\ln x$ 相乘再代入 $\exp x$ 而得，所以是初等函数。

表示函数的方法

用式子表示函数最洒脱。正方形面积 S 是边长 a 的函数，就用式子

$$S=a^2$$

表示，既说明了 S 是 a 的函数，又说明了怎样从 a 出发求出 S。

而有时式子并不告诉你具体的运算方法。$y=\sin x$，这里“sin”并不说明怎样从 x 求 y，它仅仅是个约定了的记号。这时倒不如列一个表，要问 $\sin 36°$是多少，一查便知。在数学手册里，有许多重要函数的数值表供科技工作者查用。

表上，很难一眼看出，当 x 变化时，$y=f(x)$ 的变化发展的趋势，想直观地看出函数的大体性质，最好是用函数图像来表示函数。取一个 x，计算出对应的 $y=f(x)$，(x, y) 便可以当成笛卡儿坐标平面上的一个点。多画一些点，便可以连成曲线。从曲线的升、降、

波动性、对称性，可以知道$f(x)$大体上是怎么回事。

写表达式，列表，画图，是表示一个函数的三种主要方法，还有别的方法。汽车司机要知道油箱里有多少油，用把尺子放进去一量便知，因为尺子上刻有刻度。油量是油的公升数，对应的尺子长度是油深。油量是油深的函数，这个函数体现在尺子上。这叫标尺法。

还可以用一种算法，一个计算机程序来给出一个函数。例如，数列，也就是定义域为自然数集的函数，常常用递推式给出，告诉你$f(1)=1, f(2)=1$，再告诉你$f(n+1)=f(n)+f(n-1)$，你便能算出$f(3)=f(1)+f(2)=2, f(4)=2+1=3, f(5)=3+2=5, f(6)=5+3=8$……这就等于把整个函数告诉你了。

函数的脾气

谈到一个人，常常能用几句话简单地概括他的特征。是高个子还是矮个子？胖子还是瘦子？圆脸还是长方脸？爱动还是爱静？沉稳还是活泼？上学还是工作？

拿到一个函数，也常常从几个方面看看它的总特征。知道了总特征，更细致地了解它会比较方便。

通常从这几个方面问它：

第一，有界还是无界？比如，$\sin x$，$\cos x$是有界的，它上不超过1，下不小于-1。x^2有下界而无上界，$\tan x$没有上界也没有下界。还有这样的函数，它在每个区间上都无界。例如：

$$f(x)=\begin{cases}0, & (\text{当 } x \text{ 是无理数})\\ n。 & \left(\text{当 } x=\dfrac{m}{n}，m \text{ 和 } n \text{ 最大公约数是 } 1\right)\end{cases}$$

你仔细想想，$f(x)$是不是在每个区间上无界？

第二，有没有单调性？像$f(x)=x^3$，x越大，$f(x)$也越大，$f(x)=[x]$（$[x]$表示x的整数部分，即不超过x的最大整数，例如$[\pi]=3$），x变大，$f(x)$不会变小，这些都是单调递增函数。反过来，x变大时，$f(x)$只会变小或保持不变，就是单调递减函数。常见的函数把定义域分成几段后，每段总是单调的。

第三，有没有周期性？如果$T\neq0$，使$f(x+T)\equiv f(x)$，T就叫做f的一个周期。通常说的周期，是指函数的最小正周期。例如，$f(x)=\sin x$，周期是2π，$f(x)=\tan x$，周期是π。知道了f是周期函数，只要研究它一个周期的性质就够了。

第四，有没有奇偶性？若$f(x)=f(-x)$，叫偶函数。$f(-x)=-f(x)$，叫奇函数。$|x|$，x^2，x^4，$\cos x$，是偶函数。x，x^3，x^5，$\sin x$，是奇函数。对于奇函数或偶函数，只要研究$x\geqslant0$的情形就够了。一个函数可以既不是奇的，也不是偶的，但是它总能表成奇函数与偶函数之和，因为任意的$f(x)$，$\frac{1}{2}(f(x)+f(-x))$总是偶的，$\frac{1}{2}(f(x)-f(-x))$总是奇的，而

$$f(x)=\frac{1}{2}(f(x)+f(-x))+\frac{1}{2}(f(x)-f(-x))。$$

在初等函数里，一次函数$ax+b$当$a>0$时递增，$a<0$递减。幂函数x^k当k是整数时不是奇函数就是偶函数。e^x和$\ln x$都是递增的。三角函数都是周期函数，而且不是奇的，就是偶的。

第十五章　极限与连续性

无穷小之谜

中国古代，有“一尺之棰，日取其半，万世不竭”的说法。一尺长的木棒，一天拿去一半，却永远拿不完，使人们觉得不可思议。

在西方，有“勇士追不上乌龟”的奇谈。乌龟在勇士前面 100 米。勇士的速度是乌龟的 10 倍。勇士跑完这 100 米，乌龟又爬了 10 米；勇士跑完这 10 米，乌龟又爬 1 米。勇士跑 1 米，乌龟又爬了 0.1 米……勇士岂不是永远追不上乌龟吗？这种奇谈，错在哪里？

问题的中心是追上还是追不上。那就应当先说清楚什么叫追上，什么叫追不上？显然，只要有一个确定的时刻或地点，勇士在这个时刻或地点跑到了乌龟前面，或与乌龟并驾齐驱，就叫做能追上。乌龟向前爬了 x 米时，勇士应当跑 $10x$ 米。追上乌龟的条件是

$$10x = 100 + x$$

$$\therefore \quad x = \frac{100}{9} = 11\frac{1}{9}\ (\text{米})。$$

可见当乌龟再爬 $11\frac{1}{9}$ 米时，勇士就追上了它。奇论不过说明，在乌

龟爬过 $11\frac{1}{9}$ 米之前，勇士虽然可以越来越接近乌龟，却追不上它！使人觉得奇怪的就是这个现象，只要乌龟没到 $11\frac{1}{9}$ 米，勇士尽管和乌龟的距离越来越小，要多小有多小，却不是 0！

可以小得比什么都小，却不一定是 0，就是无穷小！这是人们自古以来就有了的一种模糊认识。提起无穷小，令人产生一种不可捉摸之感，像是田野上远处的地平线，看得见，却又走不到它跟前！

捕捉无穷小——严格定义它

万世不竭的木棒也罢，勇士追不上乌龟也罢，数学家不一定去管它，可是无穷小却在数学里也常常出现而且出现在难题的症结之处。

一次又一次地计算 $\sqrt{2}$ 的近似值，得一串数：

1.5，1.4，1.41，1.414，1.4142，…

这串数和想象中的 $\sqrt{2}$ 之差愈来愈小，但是总不能到达 $\sqrt{2}$，岂不有点像万世不竭的木棒。

用正多边形的面积来逼近圆的面积，边数越多，越接近，却永远达不到圆面积。岂不有点像追不上乌龟的勇士？

既然无穷小参与了数学过程，数学家自然想要驾驭它，降伏它。

首先要捕捉它，用严格的语言定义它，使它不再成为不可捉摸之物！这个工作，数学家从 17 世纪起干了两百多年，终于在 19 世纪完成了。这里介绍一个严格而易于理解的定义。

排好顺序的一串数叫数列。第一个叫 a_1，第二个叫 a_2，…，第 n 个叫 a_n。如果它们一个比一个大，或至少相等，就叫递增数列。也就是说，满足 $a_1 \leqslant a_2 \leqslant \cdots \leqslant a_n \leqslant a_{n+1} \leqslant \cdots$ 的数列 $\{a_n\}$ 就是递增数列。1，2，3，…；$\frac{1}{2}$，$\frac{2}{3}$，$\frac{3}{4}$，…；都是递增的。

如果有一个正数 A，它比每个 $|a_n|$ 都大，就说数列 $\{a_n\}$ 有界；否则，就说它无界。

有界与无界，是不是递增，这里面没有什么含糊之处。所以，下面的定义也就不含糊了：

定义 设 $\{a_n\}$ 是无穷数列，如果有一个递增而无界的数列 D_n 使 $|a_n| \leqslant \frac{1}{D_n}$，就称 $\{a_n\}$ 是无穷小列。①

要判定一个数 $\{a_n\}$ 是无穷小列，只要找到一个递增无界列 D_n 使 $|a_n| \leqslant \frac{1}{D_n}$ 就够了。这样的 D_n 叫判别列。

反过来，如果 $|a_n| \geqslant D_n$，就把 $\{a_n\}$ 叫做无穷大列。

例 1 数列 $\left\{\frac{(-1)^n}{n}\right\}$ 是无穷小列。$\left(\text{因为可以取 } D_n = n\text{，而 } \left|\frac{(-1)^n}{n}\right| \leqslant \frac{1}{n} = \frac{1}{D_n}\text{。}\right)$

例 2 当 $|q| < 1$ 时，数列 $\{q^n\}$ 是无穷小列。

证明 因为 $|q| < 1$，则当 $q \neq 0$ 时 $\frac{1}{|q|} > 1$，则 $\frac{1}{|q|} - 1 = a > 0$，取 $D_n = na$，则

---

① 用记号 $\{a_n\}$ 表示整个数列，a_n 表示它的第 n 项。

$$|q^n| = \frac{1}{(1+a)^n} \leqslant \frac{1}{1+na} < \frac{1}{na} = \frac{1}{D_n}。$$

当 $q=0$ 时，显然有 $|q^n| < \frac{1}{n}$。

例3 取 $a_n = \sqrt[n]{100} - 1$，则 $\{a_n\}$ 是无穷小列。

证明 由 $100 = (1+a_n)^n \geqslant 1 + na_n > 1$，

故 $|a_n| = a_n \leqslant \frac{99}{n}$。

只要取 $D_n = \frac{n}{99}$ 就可以了。

数列的极限

极限概念的灵魂是无穷小。捉住了无穷小，顺手牵羊，极限概念也有了。

定义 设 $\{a_n\}$ 是无穷数列，如果有一个实数 a，使数列 $\{a_n - a\}$ 为无穷小列，就说 $\{a_n\}$ 以 a 为极限。记号是

$$\lim_{n \to +\infty} a_n = a，或 a_n \to a。$$

这就简单地把关于极限的一切问题化为关于无穷小的问题了。用这个定义，可以计算一些简单的极限：

例1 求数列 $\left\{\frac{n}{n+4}\right\}$ 的极限。

解 $\frac{n}{n+4} = \frac{n+4-4}{n+4} = 1 + \left(-\frac{4}{n+4}\right)$。

因为 $\left|\frac{-4}{n+4}\right| \leqslant \frac{4}{n}$，而 $\frac{n}{4}$ 递增无界，故 $\left\{\frac{-4}{n+4}\right\}$ 是无穷小列，从而

$\lim\limits_{n\to+\infty}\dfrac{n}{n+4}=1$。

例2 求数列$\left\{\dfrac{3n^2+5n+8}{n^2+1}\right\}$的极限。

解 $\dfrac{3n^2+5n+8}{n^2+1}=3+\dfrac{5n+5}{n^2+1}$。

因为$\left|\dfrac{5n+5}{n^2+1}\right|<\dfrac{10n}{n^2}=\dfrac{10}{n}$,

故$\left\{\dfrac{5n+5}{n^2+1}\right\}$是无穷小列，所以$\lim\limits_{n\to+\infty}\dfrac{3n^2+5n+8}{n^2+1}=3$。

例3 求数列$\left\{\dfrac{2^n+n^2}{2^n}\right\}$的极限。

解 因为$\dfrac{2^n+n^2}{2^n}=1+\dfrac{n^2}{2^n}$,

那么，$\left\{\dfrac{n^2}{2^n}\right\}$是不是无穷小列呢？用二项式定理

$$2^n=(1+1)^n=1+n+\frac{n(n-1)}{2}+\frac{n(n-1)(n-2)}{6}+\cdots\geqslant\frac{n^3}{27},$$

所以
$$\left|\frac{n^2}{2^n}\right|\leqslant\frac{n^2}{\frac{n^3}{27}}=\frac{27}{n}。$$

于是$\left\{\dfrac{n^2}{2^n}\right\}$是无穷小列，所以$\lim\limits_{n\to+\infty}\dfrac{2^n+n^2}{2^n}=1$。

例4 求证$\lim\limits_{n\to+\infty}\sqrt[n]{n}=1$。

证明 因为$\sqrt[n]{n}=(1+\sqrt[n]{n}-1)$，所以只要证明$\{\sqrt[n]{n}-1\}$是无穷小列。记$a_n=\sqrt[n]{n}-1$，则

$$n=(1+a_n)^n \geqslant 1+na_n+\frac{n(n-1)}{2}a_n{}^2 \geqslant \frac{n(n-1)}{2}a_n{}^2。$$

当 $n=1$ 时 $a_n=0$，$n\geqslant 2$ 时 $(n-1)\geqslant \frac{n}{2}$，所以

$$\frac{n^2}{4}a_n^2 \leqslant n。$$

$$\therefore \qquad |a_n| \leqslant \frac{2}{\sqrt{n}}。$$

因为 $\frac{\sqrt{n}}{2}$ 是递增无界的，所以 $\{a_n\}$ 是无穷小列。

光靠定义算极限是很费事的。高等数学里要进一步研究极限的性质、运算法则，还有许多巧妙的计算极限的方法。

函数的极限

数列是定义域为自然数集合的函数。一般的函数的极限，也可以用类似数列极限的概念来引入。

还是要先捉住无穷小。比照一下数列无穷小的定义，就可以依样画葫芦。

定义 设 $f(x)$ 是在 $(A,+\infty)$ 上有定义的函数，如果有一个在 $(A,+\infty)$ 上有定义的递增无界函数 $D(x)$，使

$$|f(x)| \leqslant \frac{1}{D(x)},$$

就说 $f(x)$ 在 $x\to+\infty$ 时是无穷小量。记号是：

$$\lim_{n\to+\infty} f(x)=0，或 f(x)\to 0\ (当 x\to+\infty),$$

或

$$f(x)=(1)\ (当 x\to+\infty)。$$

这个定义，不过是把无穷小列定义里的 n 换成 x 罢了。

依样画葫芦，也有画不成的时候。n 是跳着走的。无限增加时只能趋于 $+\infty$。x 可是会连续地变。它可以越来越接近 1，或越来越接近 0，有很多变化。怎样定义 x 趋于 1 时，$f(x)$ 是无穷小量呢？是不是要重复地使用类似的办法呢？那太繁琐了。我们采取一劳永逸的办法，在代数式的形式变化上做文章。例如：当 $-x\to+\infty$ 时就说 $x\to-\infty$；$\frac{1}{|x|}\to+\infty$ 时说 $x\to0$；$|x-a|\to0$ 时说 $x\to a$；$\frac{1}{x}\to+\infty$ 时说 $x\to+0$；$\frac{1}{x}\to-\infty$ 时说 $x\to-0$；$x-a\to+0$ 时说 $x\to a+0$；等等。花样翻新，各种过程中的函数无穷小都有了。例如：

$\lim\limits_{n\to a}f(x)=0$ 的意思是 $\lim\limits_{\left|\frac{1}{x-a}\right|\to+\infty}f(x)=0$，也就是作变换 $x=a+\frac{1}{t}$ 后，定义：

$\lim\limits_{n\to a}f(x)=0$ 就是 $\lim\limits_{|t|\to+\infty}f\left(a+\frac{1}{t}\right)=a$。

无穷小定义好了，极限当然容易了。所谓 $f(x)$（当 $x\to+\infty$，或 $x\to a$，…时）以 a 为极限，无非是说 $f(x)-a$ 是无穷小罢了。

你为什么认识你的朋友
——函数连续性

在街上遇到朋友，你们会打招呼。这里有个值得思索的问题：你为什么能认得出朋友？要知道，你们已经三天没见面了。现在的他和三天前的他，样子是不同的。不同了，为什么能认得出？回答是：变化不大。

如果没有意外事故，三天内，人的容貌常常不会有大的变化。时间长了，可不一样。“少小离家老大归”，亲人都会“相见不相识”，要问一问“客从何处来”了。这就是说：尽管人的外貌随时间而变，但是在短时间内，改变不大。

把时间看成主变量，人的样子就可以看成时间的函数。主变量作微小改变时，函数值的改变也很小。这样的函数叫连续函数。

常见的函数关系大都是连续的。圆的半径增加一点点，圆面积也只能增加一点点。角度 θ 改变一点点，$\sin\theta$ 也只能改变一点点。所以圆面积是它的半径的连续函数，$\sin\theta$ 是 θ 的连续函数。

连续性是函数的局部性质。也就是说，一个函数可能在主变量的有些值处连续，有些值处不连续。人随时间而变化，通常是连续变化的，而在发生灾难性事故的一刹那，连续性就被破坏了。在那一刹那，是不连续的。

设 $f(x)$ 是 x 的函数。若 x 无限靠近 x_0 时，$f(x)$ 也无限靠近 $f(x_0)$，就说 f 在 x_0 处连续。也就是说，如果 $\lim\limits_{x\to x_0}f(x)=f(x_0)$，就说 f 在 x_0 连续。这样，连续函数求极限，只要把自变量 x 的极限代进去就行了。

哪些函数是连续的呢？一切初等函数在它有定义的地方都连续。连续函数作四则运算、复合运算、求反函数，得到的还是连续函数。知道了这个结论，对求极限很有用。例如，计算

$$\lim_{x\to 1}\frac{x^2+3}{x-2}$$

时，一眼看出 $\frac{x^2+3}{x-2}$ 在 $x=1$ 时有定义，根据初等函数的连续性，毋庸

置疑地把 $x=1$ 代入，求得

$$\lim_{x\to1}\frac{x^2+3}{x-2}=\frac{1^2+3}{1-2}=-4。$$

幸亏世界上的千变万化绝大多数是以连续函数的形式相互制约。否则，我们很难认识这个世界，甚至我们本身也不成其为稳定的认识主体了。

连续函数的介值定理

多数人认为，自己感到极为困难的数学问题，到了数学家手里，简直不费吹灰之力。可是很少人知道，自己看来显而易见的事，在一些数学家眼中，却蕴含了深刻的困难。

用笔在纸上画一个圈，这个圈把纸平面分成了两部分——圈内与圈外。放一只小蚂蚁在圈内，它如果不经过圈上的某个点，就不能爬出去。如果圈是用蚂蚁所怕的药品——例如樟脑——画成的，可怜的小蚂蚁将长时间地焦急地在圈内徘徊！

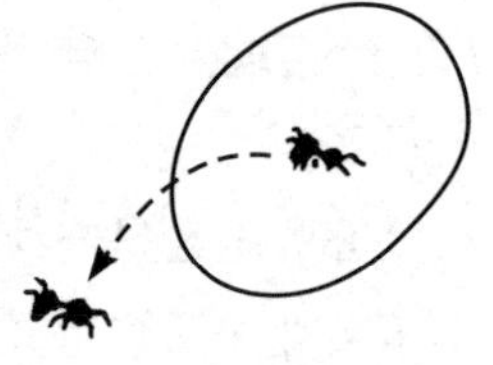

这样明显的事，有什么可讨论的呢？19 世纪的数学家若当（C. Jordan，法国人，1838 ~ 1922）第一个指出：这需要证明！而且证起来颇不容易。证明什么呢？当然不提蚂蚁，而是证明命题“设平面上有一条连续的简单闭曲线，要把闭曲线内部一点和外部一点用连续曲线连起来，这连续曲线必与闭曲线相交！”（若当定理）

难点在于，要先把“连续曲线”的数学概念说清楚，并从数学概念出发，用逻辑推出结论。

证明这件事——若当定理，要用到连续函数的重要的一条性质：连续函数$f(x)$如果在a与b之间有定义，在a处的值$F(a)<p$，在b处$F(b)>p$，那么在a到b之间必有c，使$F(c)=p$。

从几何上看，这意味着：如果一条连续曲线从直线左侧一点A通向右侧一点B，则它一定与直线相交。尽管我们不知道交点在何处，但是相交是可以肯定的。

这叫做连续函数的介值定理。它十分有用，用对分法计算方程的根（参看第六章中的“地下水管的检修与方程求根”），根据的就是介值定理。利用它还能判断一个方程有没有实根。例如方程

$$x^3+3x+1=0。\qquad (1)$$

让函数$F(x)=x^3+3x+1$，则$F(1)>0$，$F(-1)<0$，所以在-1到1之间有一个c使$F(c)=0$，即方程（1）有根！用这个办法可以证明：奇次代数方程至少有一个实根。

两块蛋糕的平分问题

我们用连续函数的介值定理来说明一个有趣的问题。

桌子上放了一块蛋糕，一定能够用一把平直的刀把它切成体积相同的两部分。确实，具体执行起来是困难的，可是从道理上讲，这种切法是存在的。

把问题数学化：如图15－1，蛋糕，是平面上的一个区域，比如圆或凸多边形。刀，是一条射线AX，让A离蛋糕远一点。开始让X在P点，蛋糕一点也没切下来。当AX绕A转动时，切下来的蛋糕

(图上阴影部分) 随路径 $x=PX$ 的增长而连续地增长，从 0 变到整块蛋糕。根据介值定理，X 一定有一个适当的位置，恰好把蛋糕均分。

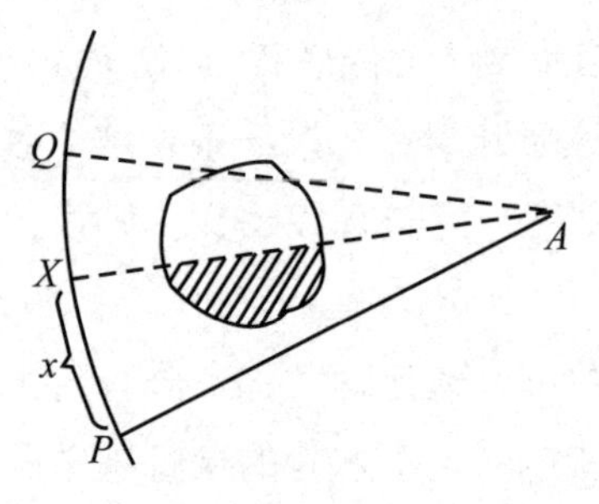

图 15-1

如果蛋糕不是一块而是两块，有没有可能一刀把两块蛋糕同时均分为二呢？介值定理能帮我们给以肯定的回答。

用一个很大的圆把两块蛋糕套住。在圆周上任取一点 A，自 A

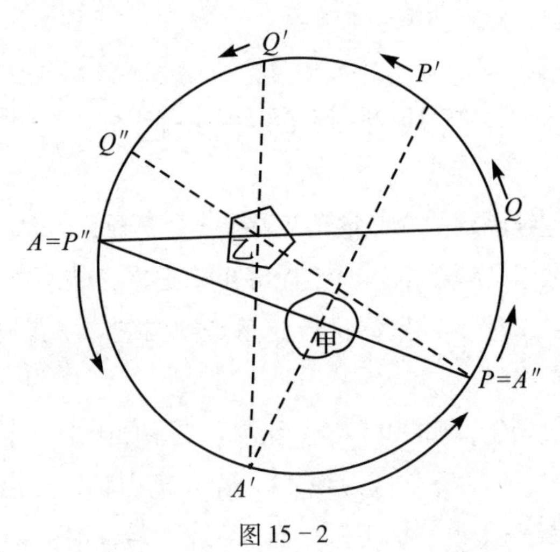

图 15-2

作射线平分蛋糕甲，交圆周于 P。又作射线平分蛋糕乙，交圆周于 Q。如图 15－2，当 A 沿圆周反时针连续运动时，P 和 Q 也跟着连续变化。开始 Q 在 P 前面。当 A 变到 A'时，P、Q 到了 P'、Q'的位置，当 A 变到 $A''=P$ 时，P 应当到 $P''=A$，Q 到 Q''处。由于 AQ 必须和 $A''Q''$——即 PQ''相交，故射线 AQ 与 PQ''在 AP 同侧。于是当 P 到 P''时，Q''落在 P''的后面——即 Q 落在 P 后面。由介值定理，中间必有这么个时刻：P 与 Q 重合。这时两把刀合一了，一把刀同时均分了两块蛋糕。

第十六章　微分及其应用

飞矢不动与瞬时速度

古希腊有一个诡辩家，提出过“飞矢不动”的怪论。脱弦而出的飞箭怎么会不动呢？诡辩家自有他的歪理：箭在每一时刻都占有一个确定的位置，因而它每一个时刻都没有动。既然每个时刻都没有动，它就应该是静止不动的了。错在哪儿？

讨论的问题是动与不动。什么叫动，什么叫不动，应当说清楚。一个物体，如果它在两个不同时刻有不同的位置，就说明它在这两个时刻之间动了。如果它在两个时刻之间的每个时刻都有相同的位置，就说明它在这段时间内没有动。动与不动，要看它在不同时刻的位置。“每个时刻都没有动”，是无意义的。“每个时刻都占有确定的位置”，是与动和不动没有联系的。紧扣定义，便揭穿了诡辩的错误所在。

既然物体在一个时刻无所谓动与不动，所谓在“某一个时刻的速度”也就没有意义了。速度是物体在一段时间内的位移量与这段时间之比。比的结果，叫做它在这段时间内的平均速度。一个小球向空中上抛，用 $h(t)$ 表示它在时刻 t 的高度。从时刻 t_1 到 t_2，它的

位移是 $h(t_2)-h(t_1)$，它在时间 $t_1 \sim t_2$ 内的平均速度便是

$$\frac{h(t_2)-h(t_1)}{t_2-t_1}。\tag{1}$$

当 t_2 变成 t_1 时，分子分母都是 0，这个表达式也就失去了意义！

可是在物理上却需要瞬时速度的概念。自由落体下落 1 秒时，它的速度应当是 9.8 米/秒，这个速度不是某段时间的平均速度，而是一秒末的速度，是地地道道的瞬时速度。炮弹打在装甲车上，破坏的威力与炮弹速度有关，这个速度是这可怕的瞬间的速度，不是平均速度。汽车过桥或在某些地方转弯常有一个牌子指明速度限制，例如时速不超过 5 千米。这个时速，必须是过桥时的速度。至于你 10 分钟前或 10 分钟后走了多远，是不管的。

怎样定义瞬时速度？牛顿请来了无穷小帮忙。牛顿说，当 t_2-t_1 变成“无穷小”，而还不是 0 的时候，（1）式便是瞬时速度。可是什么是无穷小，牛顿却说不清。这是微积分刚刚诞生时的情形。因为概念不清、逻辑混乱，曾招来了许多攻击与嘲讽。

极限理论解决了这个困难。用极限理论可以这样定义瞬时速度：

设运动物体的位移是 $S(t)$，t 是时间。在 t_0 到 t_0+h 这段时间的平均速度，当 h 趋于 0 时的极限，便叫做 t_0 时刻的瞬时速度：

$$\lim_{h\to 0}\frac{S(t_0+h)-S(t_0)}{h}=V(t_0)\ (t_0\text{ 时的瞬时速度})。$$

例如，自由落体下落的距离与时间的关系是 $S(t)=\frac{1}{2}gt^2$，在 t_0 时刻的瞬时速度是：

$$\lim_{h\to 0}\frac{S(t_0+h)-S(t_0)}{h}=\lim_{h\to 0}\frac{1}{2}g\cdot\frac{(t_0+h)^2-t_0^2}{h}$$

$$=\lim_{h\to 0}\frac{g}{2}\cdot\frac{2t_0h+h^2}{h}$$

$$=\lim_{h\to 0}\frac{g}{2}(2t_0+h)=gt_0。$$

切线的奥妙——一个点怎样决定直线

圆的切线垂直于过切点的半径，所以容易求。求一般的曲线的切线，可没有这么容易。

如图16－1，求曲线的 P 点处的切线，可以在 P 点附近取另一点 Q。设 PR 平行于 y 轴，QR 平行于 x 轴，直角三角形的斜边，确定了过 P、Q 两点的割线。现在让 Q 向 P 靠拢。直角三角形越变越小。微积分刚诞生时，数学家认为，当这个三角形变成不能再小的“微分三角形”时，那条小得不能再小的斜边，就确定了过 P 点的切线。

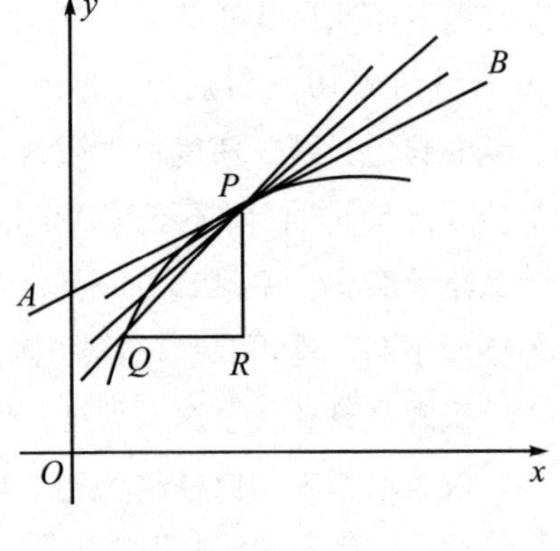

图 16－1

这里有个矛盾：什么叫不能再小？不能再小，就只有让 Q 与 P 重合。重合了，两点变成一个点，又怎能确定直线？

用极限概念可以解决这个矛盾。一个点和一个斜率可确定一条直线。已知切线过 P 点，只要确定了它的斜率，QP 切线就有了。割线 QP 的斜率是好求的。设曲线方程是 $y=f(x)$，P 点是 $(x_0$，

$f(x_0)$)，Q 点是（x_0+h，$f(x_0+h)$），割线 PQ 的斜率便是比：

$$\frac{f(x_0+h)-f(x_0)}{h}。$$

让 h 趋于0，求这个比值的极限，这个极限就是切线的斜率。如果有极限，通常记作 $f'(x_0)$，叫做函数 f 在 x_0 的导数：

$$f'(x_0)=\lim_{h\to 0}\frac{f(x_0+h)-f(x_0)}{h}。$$

这个导数的几何意义，便是直角坐标系中曲线 $y=f(x)$ 在点 $P(x_0, f(x_0))$ 处切线的斜率。

从前一节里知道，如果 $f(x)$ 代表位移而 x 代表时间，$f'(x_0)$ 就代表在时刻 x_0 处的瞬时速度。这是导数运动学意义的一种。如果 $f(x)$ 代表速度，$f'(x_0)$ 就是时刻 x_0 处的瞬时加速度。

例：抛物线方程可以写成 $y=ax^2+bx+c$，求导数。

$$\begin{aligned}&(ax^2+bx+c)'\\&=\lim_{h\to 0}\frac{a(x+h)^2+b(x+h)+c-(ax^2+bx+c)}{h}\\&=\lim_{h\to 0}\frac{2axh+bh+ah^2}{h}=2ax+b。\end{aligned}$$

所以，在（x_0，y_0）处切线的斜率就是 $2ax_0+b$。

节约的数学与导数

一个函数 $y=f(x)$，可用一条曲线表示（如图 16－2）。曲线的升降，反映了函数的增减。曲线的切线方向，又反映了曲线的升降。如果 $f(x)$ 的导数 $f'(x)$ 是正的，曲线的切线斜率就是正的，这表明

$f(x)$递增。反过来，$f'(x)$是负的，表明$f(x)$递减。所以，利用导数的正负，可以研究函数的增减。

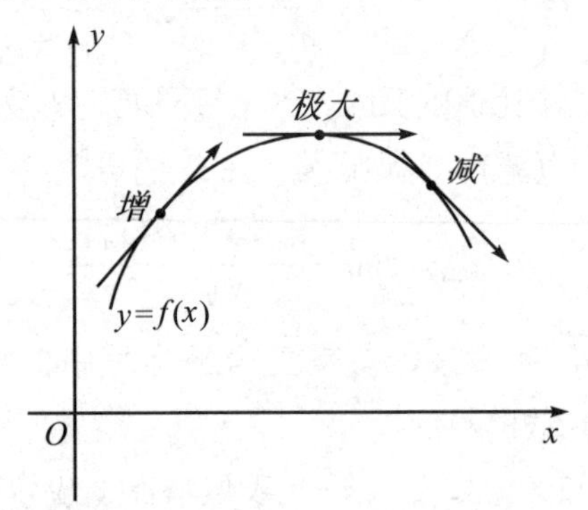

图16-2

例如函数$f(x)=-3x^2+2x+1$，它的导数是

$f'(x)=-6x+2$，当$x<\frac{1}{3}$时，$f'(x)>0$，当$x>\frac{1}{3}$时，$f'(x)<0$。这告诉我们，当$x<\frac{1}{3}$时，$f(x)$递增，当$x>\frac{1}{3}$时，$f(x)$递减。如果不利用导数，直接去研究函数本身的表达式，是不容易判断增减的。

既然当$x<\frac{1}{3}$时$f(x)$在增加，到了$x=\frac{1}{3}$以后又减少，可见$f(x)$当$x=\frac{1}{3}$时取到了最大值。

一般说来，在曲线的局部最高点或局部最低点切线是水平的，即与x轴平行，斜率为0。也就是说，如果$f(x)$当$x=x_0$时取到了局部最大或局部最小值——通称极值，此时应当有$f'(x_0)=0$。这可以帮助我们找寻函数的最大值或最小值，但是，$f'(x_0)=0$并不能保证f在x_0取到局部最大或最小。例如，$f(x)=x^3$，当$x_0=0$时，$f'(x_0)=0$，但$f(x)$在x_0附近是递增的。这好比爬山，山顶和山谷固然常常有一块平地，可是平地并非总是在山顶与山谷。山腰也可能有块平地供人休息。可以休息的地方，叫驻足之处。所以使$f'(x_0)=0$的点，也就是切线成水平的点，叫做函数$f(x)$的驻点。极值点（局部最大点或局部最小点）一定是驻点，反过来，驻点不一定是极值点。

如果x_0是f的驻点，即$f'(x_0)=0$，而且$f(x)$的二阶导数$f''(x_0)>0$，则x_0是f的极小点，而当$f''(x_0)<0$时，x_0是f的极大点。

这样，想求一个函数在某个区间$[a,b]$上的最大(小)值，只要把内部的极大（小）值点一一找出来，再把$f(a)$、$f(b)$拿来比一比，便能求到了。利用导数，能帮我们达到这个目的。

求最大最小，能帮我们解决有关如何节省原材料、能源、工时等问题。

例1 要做一个容积为V的圆柱形铁皮桶，上面不带盖，至少用多少铁皮？怎样做？

解 设圆柱的半径为x，高为h，则体积$V=\pi x^2h$，即$h=\dfrac{V}{\pi x^2}$。所用铁皮面积是：

$$S(x)=\pi x^2+2\pi xh=\pi x^2+\frac{2V}{x}(x>0),$$

$$S'(x)=2\pi x-\frac{2V}{x^2}。$$

若要$S'(x)=0$，应当有 $\pi x=\frac{V}{x^2}$，故 $x=\sqrt[3]{\frac{V}{\pi}}$，对应地 $h=\sqrt[3]{\frac{V}{\pi}}$。

因为只有一个驻点，而$S(x)$显然有极小，所以这个驻点就是极小。只有一个极小，它当然又是最小。最小值 $S\left(\sqrt[3]{\frac{V}{\pi}}\right)=3\sqrt[3]{\pi V^2}$。想达到最小，应当使桶高等于底的半径。

例2 一块长为 a，宽为 b 的纸板（如图16－3），从四角各剪去一个边为 x 的正方形，剩下的纸做一个纸盒子。怎样使纸盒子容积最大？

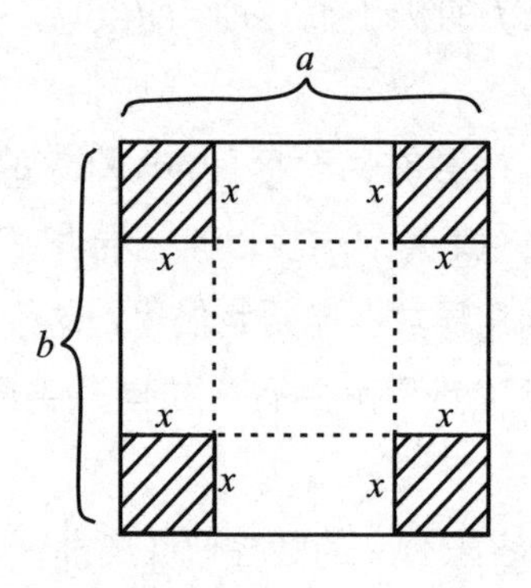

图16－3

解 容积 V 是 x 的函数：$V=V(x)=x(a-2x)(b-2x)$，我们求$V(x)$的最大值。求导数得：

$$\begin{aligned}V'(x)&=(a-2x)(b-2x)-2x(b-2x)-2x(a-2x)\\&=12x^2-4(a+b)x+ab。\end{aligned}$$

要使$V'(x)=0$，应有$x=\frac{(a+b)\pm\sqrt{a^2-ab+b^2}}{6}$，按题意只能取$x=\frac{(a+b)-\sqrt{a^2-ab+b^2}}{6}$。当$a=b$时，$x=\frac{a}{6}$，对应的体积$V=\frac{2a^3}{27}$。

求函数导数的方法

在许多科学技术问题中，求函数导数是家常便饭。而初等函数的导数是很容易计算的。

基本的公式是：

(i) 常值函数导数为0：$(C)'=0$；

(ii) 幂函数的导数还是幂函数：$(x^k)'=kx^{k-1}$；

(iii) 指数函数e^x在求导下不变：$(e^x)'=e^x$；

(iv) 正弦函数的导数是余弦函数：$(\sin x)'=\cos x$。

这些公式可以利用导数定义

$$f'(x)=\lim_{h\to 0}\frac{f(x+h)-f(x)}{h}$$

和极限的知识直接推出来。

有了这四个公式，再配合以下几条求导数的法则，就能求出一切初等函数的导数：

求导法则（前三条最基本）：

(1) $(f(x)\pm g(x))'=f'(x)\pm g'(x)$。

(2) $(f(x)\cdot g(x))'=f'(x)g(x)+g'(x)f(x)$。

(3) 复合函数求导法则：

$$f(g(x))'=f'(g(x))\cdot g'(x)。$$

(4) 如果 $g(x)$ 是 $f(x)$ 的反函数，则 $F(g(x))=x$。

两边求导得 $f'(g(x))\cdot g'(x)=1$。

$$\therefore \quad g'(x)=\frac{1}{f'(g(x))}。$$

这就是反函数求导法则。

(5) 利用幂函数求导公式 $\left(\frac{1}{x}\right)'=-\frac{1}{x^2}$ 和法则 (3) 可得

$$\left(\frac{1}{f(x)}\right)'=-\frac{f'(x)}{f^2(x)}。$$

(6) 又用法则 (5) 与法则 (2) 得到:

$$\left(\frac{g(x)}{f(x)}\right)'=\left(g(x)\cdot\frac{1}{f(x)}\right)'=\frac{g'(x)}{f(x)}-\frac{g(x)f'(x)}{f^2(x)}$$

$$=\frac{g'(x)f(x)-f'(x)g(x)}{f^2(x)}。$$

这叫做函数的商的求导法则。

利用上面的4个公式和6条法则，可以求出一切初等函数的导数。基本的有:

$$(\ln|x|)'=\frac{1}{x}; \quad (\cos x)'=-\sin x;$$

$$(\tan x)'=\frac{1}{\cos^2 x}; \quad (\cot x)'=-\frac{1}{\sin^2 x};$$

$$(\arcsin x)'=\frac{1}{\sqrt{1-x^2}}; \quad (\arccos x)'=\frac{-1}{\sqrt{1-x^2}};$$

$$(\arctan x)'=\frac{1}{1+x^2};\quad (\operatorname{arccot} x)'=\frac{-1}{1+x^2}。$$

函数值的计算——泰勒公式

如果你手头有一个带有函数功能的电子计算器，只要按几下按键，它便能告诉你 $\sin 23°$，$e^{1.3}$，$\ln 5$，$3^{\frac{11}{100}}$等等究竟是多少。它是怎么计算出来的呢?

最基本的运算是加减乘除。常见的各种函数，都可以用加减乘除来计算，要算得多么精确都可以。最常用的计算公式，是用幂级数来近似地表示函数。例如:

$$e^x=1+x+\frac{x^2}{2!}+\frac{x^3}{3!}+\cdots+\frac{x^n}{n!}+\cdots \qquad (-\infty<x<+\infty)$$

$$\ln(1+x)=x-\frac{x^2}{2}+\frac{x^3}{3}-\frac{x^4}{4}+\cdots+(-1)^{n+1}\frac{x^n}{n}+\cdots \qquad (-1<x\leqslant 1)$$

$$\left.\begin{aligned}&\sin x=x-\frac{x^3}{3!}+\frac{x^5}{5!}-\frac{x^7}{7!}+\cdots+(-1)^n\frac{x^{2n+1}}{(2n+1)!}+\cdots\\&\qquad\qquad(-\infty<x<+\infty)\\&\cos x=1-\frac{x^2}{2!}+\frac{x^4}{4!}-\frac{x^6}{6!}+\frac{x^8}{8!}-\frac{x^{10}}{10!}+\cdots+(-1)^n\frac{x^{2n}}{2n!}+\cdots\\&\qquad\qquad(-\infty<x<+\infty)\end{aligned}\right\}$$

$$(1+x)^m=1+mx+\frac{m(m-1)}{2!}x^2+\frac{m(m-1)(m-2)}{3!}x^3+\cdots+\frac{m(m-1)\cdots(m-n+1)}{n!}x^n+\cdots \qquad (|x|<1)$$

使用这些公式时，根据需要取前面若干项。项取得越多越准确。

这些公式有一个统一的来源，就是泰勒公式，泰勒公式给我们提供了利用函数 $f(x)$ 在一个点 x_0 处的各阶导数来近似地计算 $f(x)$ 的方法。设 $x=x_0+h$，泰勒公式一般形式是：

$$f(x)=\sum_{k=0}^{n}\frac{f^{(k)}(x_0)}{k!}h^k+R_n(x)。$$

这里 $f^{(k)}(x_0)$ 表示 f 的 k 阶导数在 x_0 处的值。$R_n(x)$ 是余项，如果取 $x_0=0$，则 $h=x$，叫做麦克劳林公式。可以用各种方法估计 $R_n(x)$ 的大小，这就能知道我们算出来的函数值准确到什么程度。

例如，用拉格朗日的估计方法：

$$|R_n(x)|\leqslant M_{n+1}\frac{|h|^{n+1}}{(n+1)!}。$$

式中 M_{n+1} 表示在 $[x_0-h;x_0+h]$ 范围内 f 的 $n+1$ 阶导数绝对值的上界。

利用这个估计就知道，用上面的公式求 e^x，取前 10 项，误差不超过 $\frac{|x^{10}|}{10!}\cdot e^x$。而计算 $\ln(1+x)$，效果就差一些，取前 10 项，误差不超过 $\frac{|x^{10}|}{10}$。而计算 $\sin x$ 和 $\cos x$，只要取前 5 项，误差就分别不超过 $\frac{|x^{11}|}{11!}$ 和 $\frac{|x^{10}|}{10!}$。可见，只要 x 适当小一点，这些公式是十分有效的。

第十七章　积分及其应用

面积之谜

纸上画个圈，无论是圆是扁，是四不像，我们总觉得它该有个面积。也就是说，圈进来的领土多少，总该有个数。可是究竟什么叫面积，却又不好说得清楚。

也有容易说清楚的，正方形、长方形、正多边形的面积，都能一五一十，有根有据地求出来。这根据，无非是

(i) 面积是由某些图形确定的非负数；

(ii) 全等形的面积相等；

(iii) 一个图形划分成两块，两块面积之和等于整块图形的面积；

(iv) 矩形面积等于它的长与宽之积。

有了这些根据——即面积公理，就可以理直气壮地用割补的方法求三角形面积，求梯形面积，求任意多边形面积！

曲线包围的面积，割补不灵了，怎么办？

让我们从已知迈向未知！用多边形把曲线 S 盖住，多边形的面积总比 S 包围的面积大。所有这样的“大多边形”的面积组成集合

A。在 S 内画个多边形，多边形面积总比 S 包围的面积小。所有这些"小多边形"的面积组成的集合叫 B。S 所包围的面积，应当介于这两个集 A 与 B 中的数之间！

要是恰巧有这么一个数，它不大于 A 中的每个数，又不小于 B 的每个数，那么，理所当然，它应当是曲线 S 所包围的面积！

这些道理说起来头头是道，能不能具体用于面积的计算呢？出人意料，它居然十分有效。

抛物线下的面积

两千多年前，古希腊的数学家阿基米德，利用前一节里所讲的方法，成功地计算出了抛物线弓形的面积。这里讲的计算抛物线下的面积的方法，比阿基米德的方法要简单些，但原理是一样的。当

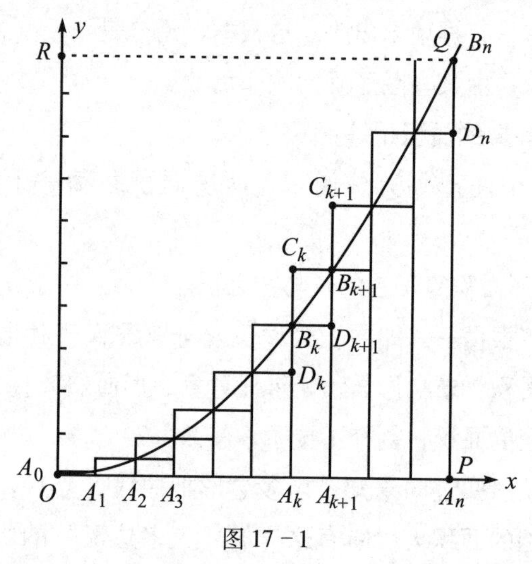

图 17－1

然，会计算抛物线下的面积，也就会计算抛物线弓形的面积了。

图 17－1 画出了抛物线 $y=ax^2$ 在第一象限中的部分。在 x 轴上取一点 P，过 P 作 x 轴的垂线交抛物线于 Q，要计算的是抛物线之下，x 轴之上，y 轴右边，直线 PQ 左边的这块面积。

把线段 OP 等分成 n 份，设$n-1$个分点是 A_1，A_2，…，A_{n-1}，记 $A_0=0$，$A_n=P$。图上画的是 $n=10$ 的情形。过分点 A_k 作一条和 x 轴垂直的直线，它和抛物线交于 B_k。以 A_kA_{k+1} 为宽，A_kB_k 为长的矩形长条的面积很好算，它等于 $A_kA_{k+1}\times A_kB_k$。这里 $A_kA_{k+1}=\frac{1}{n}\cdot\overline{OP}$，而由于抛物线方程是 $y=ax^2$。可见

$$A_kB_k=a(OA_k)^2=a\left(\frac{k}{n}\cdot\overline{OP}\right)^2=\frac{a\cdot k^2\cdot\overline{OP}^2}{n^2}。$$

把这些矩形小条统统加起来，它仍比我们要求的这块面积小。所以，要求的抛物线下的面积 S 应当满足:

$$\begin{aligned}S&\geqslant\sum_{k=0}^{n-1}A_kB_k\times A_kA_{k+1}=a\,\overline{OP}^3\times\sum_{k=0}^{n-1}\frac{k^2}{n^3}\\&=\frac{a\cdot\overline{OP}^3}{n^3}\cdot\sum_{k=0}^{n-1}k^2=\frac{a\,\overline{OP}^3}{n^3}\cdot\frac{(n-1)n(2n-1)}{6}\\&=\frac{a\cdot\overline{OP}^3}{3}\left(1-\frac{3n-1}{2n^2}\right)>\frac{a\cdot\overline{OP}^3}{3}\left(1-\frac{2}{n}\right)。\qquad(1)\end{aligned}$$

另一方面，如果把那些长为 $A_{k+1}B_{k+1}$ 宽为 A_kA_{k+1} 的矩形长条的面积加起来，应当比我们要求的面积 S 大，所以 S 又该满足:

$$S\leqslant\sum_{k=1}^{n}A_kB_k\times A_{k-1}A_k=\frac{a\cdot\overline{OP}^3}{n^3}\sum_{k=1}^{n}k^2$$

$$=\frac{a\cdot\overline{OP}^3}{n^3}\cdot\frac{n(n+1)(2n+1)}{6}$$

$$=\frac{a\cdot\overline{OP}^3}{3}\left(1+\frac{3n+1}{2n^2}\right)<\frac{a\cdot\overline{OP}^3}{3}\left(1+\frac{2}{n}\right)。\qquad(2)$$

因为 $a\,\overline{OP}^2=PQ$，所以 $a\cdot\overline{OP}^3=OP\times PQ$，它恰好是矩形 $OPQR$ 的面积，记这块面积为 M，由（1）、（2）综合得到：

$$\left|S-\frac{M}{3}\right|\leqslant\frac{2M}{3n}。\qquad(3)$$

这个不等式的左端是一个常数，右端的 n 可以取要多大有多大。也就是说右端可以比任一个正数都小。这只有左端为 0 才有可能！

这证明了 $S-\frac{M}{3}=0$，即 $S=\frac{M}{3}$。抛物线下的面积恰好是矩形面积 $OPQR$ 的三分之一。

把抛物线换成更一般的曲线，我们仍然可以用这种分成很多矩形长条的方法求曲线下的面积。

从割圆术到不可分量

在圆周上取很多很多点，把这些点和圆心连起来，再把相邻的两点也连起来，得到许多有公共顶点的等腰三角形。如果点在圆周上分布得很密，三角形底边都很短，这些三角形的面积加起来，就和圆面积差不多了。三角形底边长度加起来，也和圆周长度差不多了。

1600 多年前，三国时代的数学家刘徽用这种办法计算圆周率。刘徽认为：分割得越细，求得的圆周率越准。到了“不能再分”的时候，就得到了真正的圆周率的值。

实际作图，由于目力和工具的限制，分到一定程度，就不能再分了。而在理论上，却没有不能再分的时候。无论细分多少次，永远得不到 π 的真值。这个问题该怎么解决呢?

这种化整为零，再积零为整的手段，却正是计算面积、体积的妙法。17 世纪欧洲科学家伽利略、开普勒、费马和伽利略的学生卡瓦列里，都用过这种方法。开普勒写了一本名为《葡萄酒桶的立体几何》。他用无限分割的方法求圆面积以及许多其他图形的面积，还求出了近百种不同形状物体的体积。卡瓦列里把这种分割的方法进一步发挥，写成《不可分量几何学》，他认为：

线由点组成，正如珠子串成项链一样；

面由线织成，正如线可以织成布一样；

立体由平面叠成，正如一页一页的纸可以装订成书一样。

从这个观点出发，他认为无穷细分的结果可以达到不可再分的程度，即分成“不可分量”。这想法实在和刘徽所想的不谋而合！

卡瓦列里用这种办法计算了许多种面积和体积。例如，计算抛物线下的面积时（参看上一节），他用许多小矩形长条代替所求的面积，得到这 n 个小矩形面积总和为：

$$S_n=\frac{a\cdot\overline{OP}^3}{3}\left(1-\frac{3}{2n}+\frac{1}{2n^2}\right)。$$

之后便宣称：当 n 为无穷，达到不能再分之时，$\frac{3}{2n}$和$\frac{1}{2n^2}$变成 0，S_n 就变成了真正的抛物线下的面积。

这里有一个明显的矛盾：当 n 达到了“无穷”时，每个矩形小条都成了不可分量之际，它们每个的面积都是0，加起来又怎能得到一个确定的数呢?

用极限的概念，可以让我们渡过这个难关。

定积分——用极限概念代替不可分量

想求曲线包围的面积，只有用化整为零的方法。一块面积可以分成很多块。四边都是直线的那些块好办。我们特别关心的是一边曲、其他各边直的那些块。图 17 - 2 中用 * 把这些块标出来了。把这种形状叫曲边梯形。

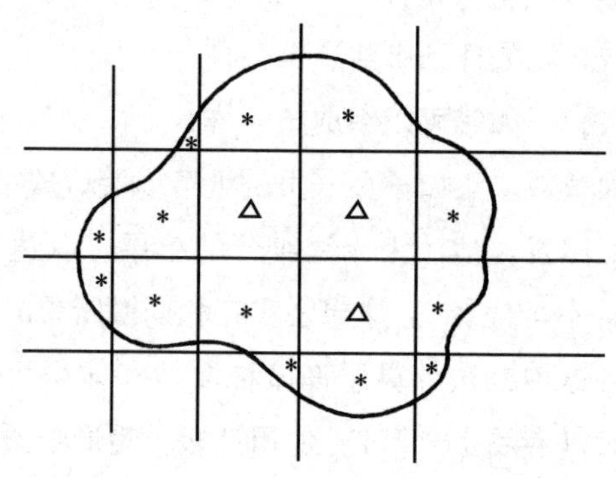

图 17 - 2

让我们在直角坐标系里来看一个曲边梯形。如图 17 - 3，它的一条曲边是函数 $y=f(x)$ 的图像。想求的是曲线 $y=f(x)$ 之下，x 轴之上，直线 $x=a$ 之右，直线 $x=b$ 之左的这块面积。在 a、b 之间取许多分点

$$a=x_0<x_1<x_2<\cdots<x_n=b$$

过这些分点作平行于 y 轴的直线，把整块面积分割成 n 条，每条近似地用一个小矩形代替，第 k 个矩形宽度是 $x_k - x_{k-1}$，（记 $\Delta x_k = x_k - x_{k-1}$）长是 $y_k = f(x_k)$。这些矩形面积之和是：

$$\sum_{k=1}^{n} f(x_k)\Delta_k。\qquad (1)$$

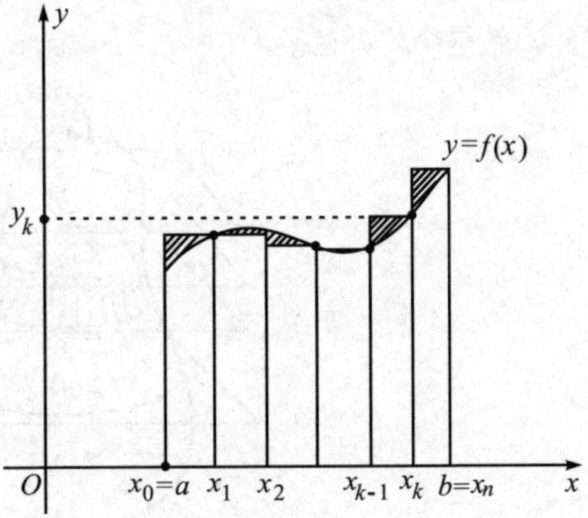

可是这个和并不真正是曲边梯形的面积。图上的阴影部分表现出了误差。自然会想到，分得越细，误差越小。但又不能分成一条条的直线，那样就没法相加了。怎么办？极限概念帮了我们的忙。

图 17－3

用 T 代表分点 $\{x_0, x_1, \cdots, x_n\}$，$\Delta(T)$ 记 Δ_k 中最大的。分点 $T = \{x_0, x_1, \cdots, x_n\}$ 取定了，和式（1）也就确定了。然后让 $\Delta(T)$ 趋向于 0，即分得越来越细，取和式（1）的极限。这个极限用记号

$$\int_a^b f(x)\,\mathrm{d}x = \lim_{\Delta(T)\to 0} \sum_{k=1}^{n} f(x_k)\Delta k \qquad (2)$$

表示。它就是这块面积的真正的值。$\int_a^b$ 是由 $\sum_{k=1}^{n}$ 拉长变形而来，“$f(x)\,\mathrm{d}x$” 是由 $f(x_k)\Delta_k$ 变形而来。这个记号是莱布尼兹创用的。

式（2）所定义的数，叫做函数 $f(x)$ 在区间 $[a,b]$ 上的定积分。

体积的计算与祖暅原理

柱体的体积等于底面积和高的乘积。不规则的物体，体积的计算就不这么容易了，但是也不是没有办法可想。化整为零，切成薄片，就是个好办法。

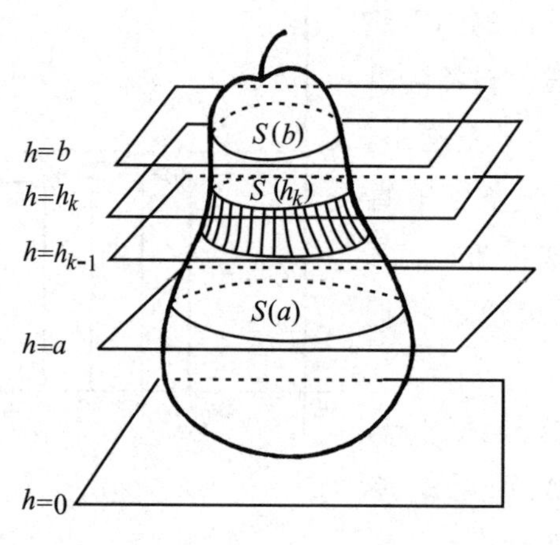

图 17－4

如图 17－4，这里有一个梨子，把它立在水平的桌面上，用一张一张的水平平面来切它。设水平平面到桌面的高度为 h，切出来的剖面面积与 h 有关，是 h 的函数，这个剖面面积记成 $S(h)$。如果想求 $h=a$ 和 $h=b$ 的两张平面之间的那块梨子的体积，就用许多水平平面把这块梨子切成薄片。设这些平面的高度是

$$a=h_0<h_1<h_2<\cdots<h_n=b$$

于是这块梨子被分成了 n 片。自下而上的第 k 片的厚度是 h_k-h_{k-1}，记 $\Delta k=h_k-h_{k-1}$。这一片上下两个剖面面积分别是 $S(h_k)$ 和 $S(h_{k-1})$。

由于片很薄，$S(h_k)$和$S(h_{k-1})$应当相差甚微，于是这一片的体积近似地等于它的剖面面积与厚度的乘积，即

$$S(h_k)\Delta_k。$$

把各片的近似体积加起来，得

$$\sum_{k=1}^{n} S(h_k)\Delta_k。$$

再让 Δ_k 中最大者趋于 0 取极限，按照上一节“定积分——用极限概念代替不可分量”中的定义，这个极限正是函数$S(h)$在$[a,b]$上的定积分，即

$$\int_a^b S(h)\,\mathrm{d}h。$$

当然，h 改成 x，或 y，或 t 都没关系。可见，定积分不仅可以代表面积，也可以代表体积。

在计算过程中，用到的不过是梨子剖面的面积，与剖面的形状没有关系。可见，如果又有另一个梨子或别的什么东西，不管它俩的形状一样不一样，只要用同一张水平平面来切它们时所得剖面总有相同的面积，它们的体积就一定相等（如图 17－5）。这个道理，

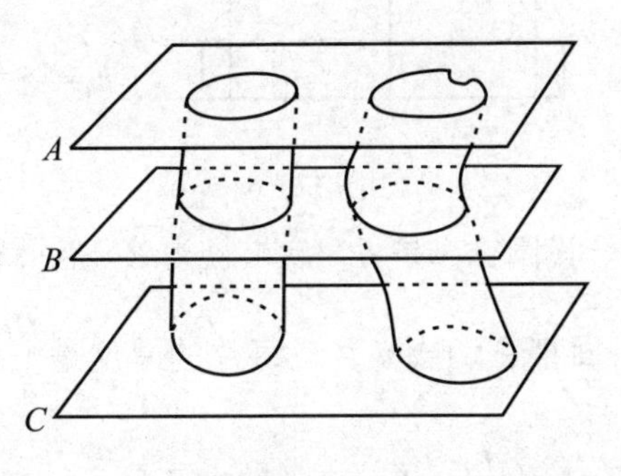

图 17－5

最早是由我国古代数学家祖暅（祖冲之的儿子，生于公元5世纪~6世纪）提出的，所以叫“祖暅原理”。在西方，是由16世纪~17世纪的卡瓦列里提出的，叫做“卡瓦列里原理”，比祖暅晚了一千多年。

圆锥的体积

梨子切成片，每片的面积究竟多大，难以知道。这么说，化整为零的主意竟成了“纸上谈兵”。但是，计算梨子体积并不重要。真正重要的，用得多的，是计算一些具有典型模样的几何体，例如圆锥。偏偏对这些重要的形体，化整为零的主意行得通！

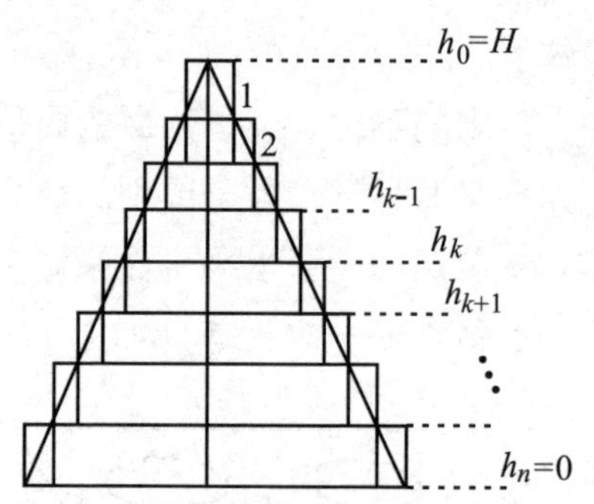

图17－6

如图17－6，设圆锥高是H，底半径为R，底面积就是$S=\pi R^2$。用平行于底的平面把它切成n片，每片的厚度是$\frac{H}{n}$。从上而下第k片，它的上剖面半径是$\frac{k-1}{n}R$，下剖面半径是$\frac{k}{n}R$。近似地把它看成底半径为$\frac{k}{n}R$的圆柱，便可以算出其近似的体积$\left(\pi\frac{k}{n}R\right)^2\cdot\frac{H}{n}$。对$k=1$到$n$求和得：

$$\sum_{k=1}^{n}\pi\left(\frac{k}{n}R\right)^2\cdot\frac{H}{n}=\pi R^2\cdot H\times\frac{1}{n^3}\sum_{k=1}^{n}k^2$$

$$=\pi R^2H\times\frac{1}{6n^3}n(n+1)(2n+1)$$

$$=\pi R^2H\times\frac{1}{3}\left(1+\frac{3}{2n}+\frac{1}{2n^2}\right)。$$

很明显，这样求出来的体积比圆锥的真实体积略大一些。但只要切片切得足够薄，误差便足够小。于是在上式中让n趋于无穷取极限，$\frac{3}{2n}$和$\frac{1}{2n^2}$都变成了0，便得到圆锥的真实体积$\frac{\pi}{3}R^2H$。即圆锥体积是底面积与高的乘积的三分之一。

用类似的切片法，你可以求出球的体积来。

牛顿—莱布尼兹公式

我们计算过抛物线下的面积又计算过圆锥的体积。实际上，这都是在计算定积分。这样计算定积分是很麻烦的，是个笨办法。数学研究，就要不断地找寻巧办法来代替笨办法。牛顿和莱布尼兹找到了一个巧办法。这是数学史上的一件大事，它标志着微积分学的诞生。

如果$F(x)$在区间$[a,b]$上的导数是$f(x)$，便说$F(x)$是$f(x)$（在$[a,b]$上）的一个原函数。根据微分表，我们马上可以知道不少函

数的原函数，例如，由

$$(\sin x)' = \cos x,$$

便知 $\cos x$ 的原函数是 $\sin x$，由

$$(-\cos x)' = \sin x,$$

又知道 $\sin x$ 的原函数是 $-\cos x$。由

$$\left(\frac{x^{n+1}}{n+1}\right)' = x^n,$$

便知道 x^n 的原函数是 $\frac{x^{n+1}}{n+1}$ 等等。

牛顿和莱布尼兹发现：如果连续函数 $f(x)$ 有一个原函数 $F(x)$，那么

$$\int_a^b f(x)\,\mathrm{d}x = F(b) - F(a)。$$

这个公式便叫做牛顿—莱布尼兹公式。

用化整为零、积零为整再求极限的办法计算上面等式里左边的定积分是多不容易啊！现在有了这个公式，只要能找到原函数 $F(x)$，把 b 和 a 分别代入 $F(x)$ 减一下就行了！数学的威力在这里得到了充分的显示。

现在，计算抛物线下的面积变得容易多了。抛物线 $y = ax^2$ 在 $[0,p]$ 区间部分所遮盖的面积用定积分表示是：

$$\int_0^p ax^2\,\mathrm{d}x。$$

而 ax^2 的一个原函数是 $\frac{ax^3}{3}$。按照牛顿—莱布尼兹公式，这个定积分就等于 $\frac{ap^3}{3} - \frac{a \times 0^3}{3} = \frac{ap^3}{3}$，这和我们用无限分割取极限的方法得到的

结果一样，然而得来全不费工夫！

这样，求原函数便变得很重要。一个函数 $f(x)$ 如果有原函数 $F(x)$，则$F(x)$加上任一个常数 C，仍是 $f(x)$ 的原函数。可以证明，除此之外，$f(x)$ 再也没有别的原函数了。$f(x)$ 的所有原函数可以表示成$F(x)+C$。这件事用记号

$$\int f(x)\mathrm{d}x = F(x) + C。$$

表示。记号 $\int f(x)\mathrm{d}x$ 叫做 $f(x)$ 的“不定积分”，它代表 $f(x)$ 的全体原函数。

用了不定积分的记号，可以把许多函数的原函数列表表出，例如：

$$(x)' = 1 \Rightarrow \int \mathrm{d}x = x + C,$$

$$\left(\frac{x^{n+1}}{n+1}\right)' = x^n \Rightarrow \int x^n \mathrm{d}x = \frac{x^{n+1}}{n+1} + C(n \neq -1),$$

$$(\mathrm{e}^x)' = \mathrm{e}^x \Rightarrow \int \mathrm{e}^x \mathrm{d}x = \mathrm{e}^x + C,$$

$$(\ln x)' = \frac{1}{x} \Rightarrow \int \frac{\mathrm{d}x}{x} = \ln x + C,$$

$$(\sin x)' = \cos x \Rightarrow \int \cos x\mathrm{d}x = \sin x + C,$$

$$(-\cos x)' = \sin x \Rightarrow \int \sin x\mathrm{d}x = -\cos x + C,$$

$$(\tan x)' = \frac{1}{\cos^2 x} \Rightarrow \int \frac{\mathrm{d}x}{\cos^2 x} = \tan x + C,$$

$$(\arcsin x)' = \frac{1}{\sqrt{1-x^2}} \Rightarrow \int \frac{\mathrm{d}x}{\sqrt{1-x^2}} = \arcsin x + C,$$

$$(\arctan x)' = \frac{1}{1+x^2} \Rightarrow \int \frac{\mathrm{d}x}{1+x^2} = \arctan x + C。$$

求体积的万能公式——拟柱体公式

圆柱、棱柱、圆锥、棱锥、圆台、棱台、球、球冠、球缺等等各有自己求体积的公式。有趣的是，有一个公式，它能代替这些形形色色的公式。

这个公式常被叫做拟柱体公式。用 V 表示体积，h 表示物体的高，S_1 和 S_2 分别记上底和下底的面积，S 表示中截面的面积——即高线的垂直平分面和物体相截而得的剖面面积。这个公式是:

$$V = \frac{h}{6}(S_1 + S_2 + 4S)。 \tag{1}$$

这公式灵不灵呢？先看看柱体。这时 S_1、S_2 和 S 都等于柱体的底面积，公式（1）变成了

$$V = \frac{h}{6}(S_1 + S_1 + 4S_1) = hS_1。$$

即体积等于底乘高，这正是柱体体积公式。

再看锥体。这时 $S_1 = 0$，S_2 是锥的底面积，而中截面 $S = \frac{1}{4}S_2$，于是

$$V = \frac{h}{6}\left(0 + S_2 + 4 \times \frac{S_2}{4}\right) = \frac{1}{3}hS_2。$$

这正是锥体的体积公式。

在球的情形，如果球半径为 R，则 $S_1=S_2=0$，$S=\pi r^2$，于是

$$V=\frac{2r}{6}(0+0+4\pi r^2)=\frac{4}{3}\pi r^3。$$

它正是球体积的公式。至于棱台和圆台，球冠和球缺，甚至球台，你不妨自己去验证一下。

拟柱体公式为什么神通如此广大？它真的能用来计算一切物体的体积吗？

其实，它也有自己的局限性。下面简单地介绍一下它的来历。

在积分学里，有这么一条公式：如果$S(x)$是三次或三次以下的多项式，则

$$\int_a^b S(x)\,\mathrm{d}x=\frac{b-a}{6}\left[S(a)+S(b)+4S\left(\frac{a+b}{2}\right)\right]。\qquad(2)$$

如果取 $a=0$，$b=h$，便是

$$\int_0^h S(x)\,\mathrm{d}x=\frac{h}{6}\left[S(0)+S(h)+4S\left(\frac{h}{2}\right)\right]。\qquad(3)$$

用平行于底的平面来切割物体，把它分成许多薄片再化零为整取极限，可以把立体的体积表成一个定积分。(参见“体积的计算与祖暅原理”一节)。用 x 记平面到下底的距离，$S(x)$记这个平面截物体所得的剖面面积，物体体积恰好是（3）式左边的定积分 $\int_0^h S(x)\,\mathrm{d}x$，而（3）式右边的$S(0)$、$S(h)$和$S\left(\frac{h}{2}\right)$恰好是下底、上底和中截面。可见，如果截面面积$S(x)$是截面到底面距离 x 的不超过三次多项式，就能用拟柱体公式计算这块立体的体积。

柱体，$S(x)$恒等于底面积，是“0 次多项式”。

锥体，截面面积$S(x)$和截面到顶点距离的平方成正比，即$S(x)=R(h-x)^2$（当$x=0$时，底面积$S(0)=Rh^2$，由此可定出常数R），是二次多项式。

球，截面面积$S(x)=\pi(2Rx-x^2)$，也是二次多项式。

这样，谜底就揭开了。拟柱体公式尽管不是万试万灵，但是计算这几个立体，还只是它的本领中的一两个小花样。

至于（2）式的正确性，你自己可以按下列步骤验算。

设不超过三次的多项式$S(x)$的形式为$S(x)=px^3+qx^2+rx+v$，按求原函数的方法可以求出$S(x)$的原函数

$$\int S(x)\mathrm{d}x=\frac{px^4}{4}+\frac{qx^3}{3}+\frac{rx^2}{2}+vx+C。$$

用一下牛顿—莱布尼兹公式得：

$$\int_a^b S(x)\mathrm{d}x=S(b)-S(a)$$

$$=\frac{p}{4}(b^4-a^4)+\frac{q}{3}(b^3-a^3)+\frac{r}{2}(b^2-a^2)+v(b-a)。\qquad(4)$$

另一方面：

$$\left.\begin{aligned}&S(a)=pa^3+qa^2+ra+v,\\&S(b)=pb^3+qb^2+rb+v,\\&S\left(\frac{a+b}{2}\right)=p\cdot\frac{(a+b)^3}{8}+q\cdot\frac{(a+b)^2}{4}+r\cdot\frac{(a+b)}{2}+v。\end{aligned}\right\}\qquad(5)$$

剩下的事，便是把（4）和（5）分别代入（2）式两端，老老实实验算一遍了。

第十八章　直尺和圆规

躺在你的文具盒里的这两样小东西，它们为人类服务大概已有五千多年之久了。传说我国在黄帝时代已能使用“规”和“矩”了。战国时很多书中提到“规”与“矩”。“无规矩不能成方圆”这句话，从战国时代流传到了今天。规，当然是圆规；矩，是带有直角的尺。在几何公理体系的发源地古希腊，严格限制几何作图的工具只能是无刻度的直尺与圆规。用这么简单的两件工具能干些什么呢？这个问题曾使无数数学爱好者和不少出色的数学家为之倾倒，有关的故事延续了两千多年。而最近精彩的一幕，是 20 世纪 80 年代以中国人为主角演出的。

理想化了的作图规则

在讨论几何作图问题时，圆规和直尺的使用方法是理想化了的。现在我们的直尺上都有刻度，但按照从古希腊留下来的传统约定，几何作图用的直尺上是没有刻度的。直尺只能用来做两件事：

(1) 经过已知两点作一直线；

(2) 无限制地延长一直线。

用圆规，只能做一件事：

以任意一点为中心，过其他任一点画一个圆。

另外，从已知两条不平行直线，可以作出它们的交点。已知直线和圆相交，或已知两圆相交，可以作出它们的交点。

这些规定，叫做规尺作图公法。

作图公法看来简单，细想想，却有文章。

如果 A、B 两点离得很远，你的直尺却很短，怎么作线段 AB 呢？

如果 A、B 两点离得很远或非常近，你的圆规大概也没法以 A 为心画一个经过 B 的圆！

所以，作图公法实际上承认，作图时用的是无限长的直尺和半径不受限制的圆规。

有趣的是：人们后来证明了，凡是长直尺和大圆规能干的事，短直尺和小圆规也能干。当然，小圆规不能画大圆。而几何图形里关键的东西是点。凡是长直尺和大圆规能作出的点，只用短直尺和小圆规也能作出来。

按作图公法，不平行的两条直线的交点是可以作出来的。请你试试看！如右图，如果铅笔尖比较粗，两条直线交角很小，确定它们的交点相当困难！所以，作图公法里实际假定，你画出的直线和圆弧线都是极细极细的，这才能确定出交点来。

?

交点在哪里？

我们常常这样使用圆规：如图 18－1，以 A 为心，以另两点 B、C 的距离为半径画圆。按作图规则，这似乎是不行的。按规则，以 A 为心，只能以 AB 或 AC 为半径画圆。不过，可以这样做：分别以 A、C 为心作半径为 AC 的圆交于 O，又以 B、O 为心作半径为 OB 的圆交于 D。取 D 使 $A—C—O$ 与 $D—B—O$ 都是逆时针（或都是顺时针）

方向旋转，则$\triangle BCO \cong \triangle DAO$，因而$AD = BC$，最后以$A$为心作过$D$的圆——这就按作图公法实现了"以$A$为心，以$BC$为半径画圆"。

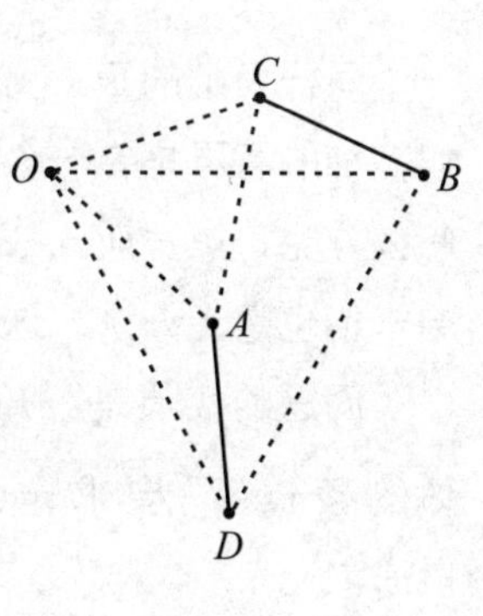

图 18-1

于是，我们可以合理合法地用一条较方便的规则代替原来那条关于圆规用法的规则：

以任意一点为心，可以作以任两个已知点的距离为半径的圆。

规尺作图不可能问题之一——立方倍积

有了一个正方形，很容易作出一个面积是它的两倍的正方形，只要把原来那个正方形的对角线作为新正方形的边就行了（下图）。

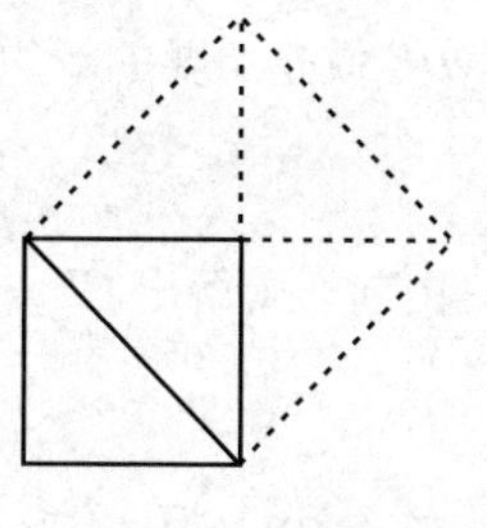

古希腊人自然地想到：知道了一个正立方体，能不能用圆规直尺作出一条线段，以这条线段为一条棱，作一个新的正立方体，使它的体积恰是原来那个正立方体的两倍呢？

这就叫做立方倍积问题。关于它的来源，还有一个悲惨的故事。

传说公元前400年左右，希腊第罗斯岛发生了瘟疫，也就是流行传染病。当地的居民求告于巫神。巫神说，只有把神庙里的正立方体的祭坛体积加倍，才能停止瘟疫的蔓延。第罗斯人赶忙建造了一个同样大小的正立方体祭坛，但是瘟疫仍肆虐不已。巫神告诉人们，神的意思是要一个更大的正立方形的祭坛，体积是原来的两倍！怎么办呢？第罗斯人去请教当时最有学问的柏拉图，柏拉图和他的弟子们也毫无办法！这个问题从此就出了名。

问题的实质是：知道了已给正立方体的棱长 a，要求作出长为$\sqrt[3]{2}a$ 的线段来。

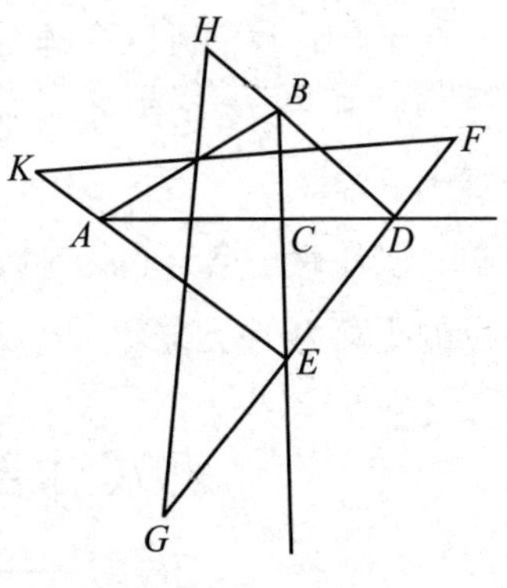

图 18－2

巧妙地利用一对三角板，可以解决立方倍积问题：如图 18－2，在纸上画一个直角三角形 ABC，使一条直角边 $BC=a$，另一直角边 $AC=2a$。让一个三角板的直角顶点 D 在 AC 的延长线上滑动，并让它的直角边 DH 通过 B 点。另一个三角板的直角顶点 E 在 BC 的延长线上滑动，直角边 EK 保持通过 A 点。调整两个三角板的位置，使直角边 DG 与 EF 在同一直线上，则 DE 就是所要的新的正立方体的棱！这是因为：

$$CD^2=BC\cdot CE, CE^2=CD\cdot AC。$$

由前一式解出 $CE=\dfrac{CD^2}{BC}$，代入后一式得到

$$CD^3=AC\cdot BC^2=2a^3。$$

因此 $CD=\sqrt[3]{2}a$。

但是，这样使用两块三角板滑动，是不符合规尺作图的法则的。

把 a 当成单位长，立方倍积问题的关键是作出长度为$\sqrt[3]{2}$的线段。经过两千多年的试探和失败，1837 年，23 岁的青年数学家万彻尔

(Wantzal)证明：用规尺作图不可能给出长为$\sqrt[3]{2}$的线段！这就彻底解决了立方倍积问题。

用蔓叶线解立方倍积问题

虽然用圆规直尺不可能解决立方倍积问题，但人们两千多年花在这个问题上的心血并没有白费。研究这个问题的时候，数学家得到了许多有价值的副产品，蔓叶线的发现是其一例。

蔓叶线有几种作法，这里是较简单的一种。设有一个直径为 $OA=a$ 的圆，过 A 作切线 l。自 O 点引射线交圆于 Q，交切线于 P，在 OP 上截取 $OR=PQ$。当 P 在 l 上变动时，点 R 的轨迹，就是蔓叶线。

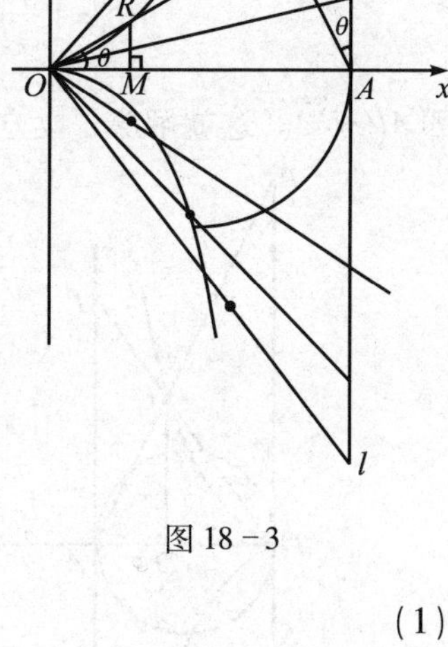

图 18－3

若以 O 为原点，OA 为 x 轴，过 O 的切线为 y 轴建立直角坐标系，就不难写出蔓叶线的方程。如图 18－3，自 R 向 x 轴引垂线得垂足 M，则 $MO=x$，$RM=y$，因为

$$OR=PQ=AP\sin\theta=OA\tan\theta\sin\theta$$

$$=a\tan\theta\sin\theta, \qquad (1)$$

即得

$$\sqrt{x^2+y^2}=a\cdot\frac{y}{x}\cdot\frac{y}{\sqrt{x^2+y^2}}。 \qquad (2)$$

整理后得

$$x^2+y^2=\frac{ay^2}{x}。\tag{3}$$

也可写成

$$\frac{x^3}{y^3}=\frac{a-x}{y}。\tag{4}$$

如果作出了 $a=1$ 时的蔓叶线。在 y 轴上取 $OB=2$，作直线 AB 与蔓叶线交于 C，则如图 18－4 有

$$\frac{1-x}{y}=\frac{AD}{DC}=\frac{AO}{OB}=\frac{1}{2}。\tag{5}$$

再作直线 OC 交切线 l 于 P，由（4）和（5）得：

$$AP^3=\left(\frac{AP}{OA}\right)^3=\frac{y^3}{x^3}=\frac{y}{1-x}=2。\tag{6}$$

即 $AP=\sqrt[3]{2}$。这就解决了立方倍积问题。

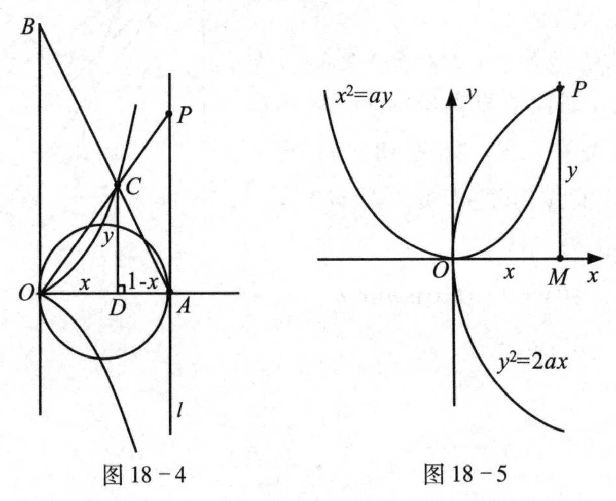

图 18－4　　图 18－5

还可以利用两条抛物线的交点解立方倍积问题（见图 18－5），抛物线

$$x^2 = ay \tag{7}$$

与抛物线

$$y^2 = 2ax \tag{8}$$

交于点 P。联立（7）与（8）解出：

$$x = \sqrt[3]{2}a。$$

即图中的 $OM = \sqrt[3]{2}a$。同样解决了立方倍积问题。

所以，立方倍积问题还促进了人们对抛物线的研究。

规尺作图不可能问题之二——三等分角

用圆规直尺很容易二等分一个角，也能够三等分一个直角，还能够任意等分一条线段。因此，古希腊人在研究圆规直尺的作图问题时，特别注意三等分角的问题，是很自然的。

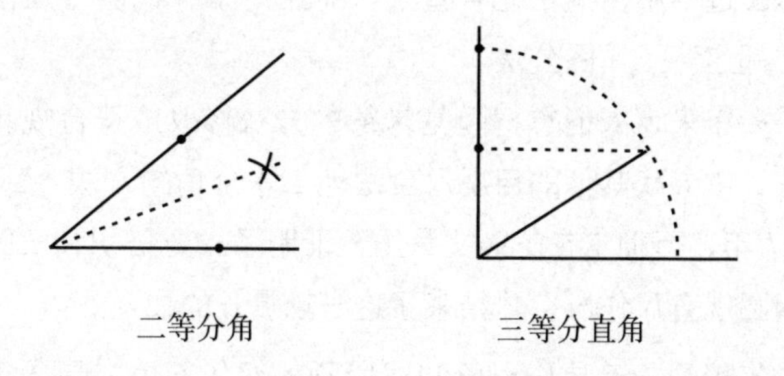

二等分角　　三等分直角

多才多艺的古希腊科学家阿基米德，早在公元前 3 世纪就设计过三等分任意角的巧妙方法。不过，他的方法不符合规尺作图的法则。

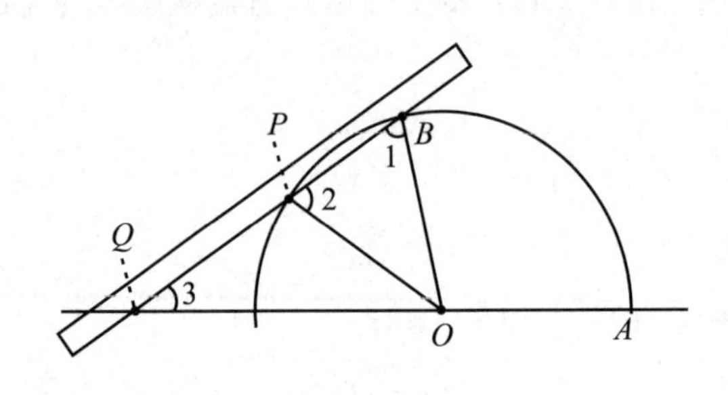

图 18－6

如图 18－6，要三等分$\angle AOB$。在直尺上取定两点P、Q。以O为心，PQ为半径画半圆与角的两边交于A、B。让直尺上的点P在半圆上，点Q在AO的延长线上。调整直尺的位置，使Q、P、B三点共直线，则$\angle POQ=\frac{1}{3}\angle AOB$。

道理很简单：因为$OB=OP=PQ$，故$\angle 1=\angle 2=2\angle 3=2\angle POQ$，于是$\angle AOB=\angle 1+\angle 3=2\angle POQ+\angle POQ=3\angle POQ$。

在作图过程中用了带记号直尺，而且用了“调整直尺位置”的办法，这都违背了作图公法。

两千多年来，人们想把阿基米德的方法修改成符合规尺作图法则的方法，或寻找其他的用规尺合法地三等分角的方法，都失败了。直到 1837 年，万彻尔在一篇文章里，证明了立方倍积和三等分角都不可能用圆规直尺作出，才结束了这一场漫长的战斗。

立方倍积的关键是作出已知线段长的$\sqrt[3]{2}$倍，也就是要用圆规直尺找出代数方程$x^3-2=0$的根。三等分角问题，也可以化为一个类似的问题。

如图18－7，我们要三等分$\angle AOD$。设$AO=OD=1$，以O为心作圆过A、D。设弧$\overset{\frown}{AD}$上B点使$\angle AOB=\frac{1}{3}\angle AOD$。分别过$D$、$B$向$AO$作垂线，垂足顺次为$M$、$N$。$DM$是已知的，$DM=\sin\angle AOD$。只要能作出线段$BN$，问题就解决了。设$\angle AOB=\theta$，则$\angle AOD=3\theta$，设$DM=a$，则：

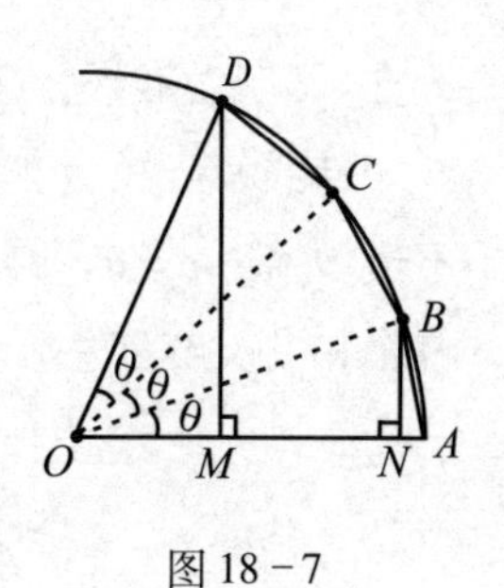

图18－7

$$a=\sin 3\theta=\sin(\theta+2\theta)=\sin\theta\cos 2\theta+\cos\theta\sin 2\theta$$

$$=\sin\theta(1-2\sin^2\theta)+2\sin\theta\cos^2\theta=3\sin\theta-4\sin^3\theta。\quad(1)$$

设$x=\sin\theta=BN$,则可知x是三次方程

$$4x^3-3x+a=0\quad(2)$$

的根。如果对任意的$0\leqslant a\leqslant 1$，都能用圆规直尺作出方程（2）的根，三等分角问题就解决了。如能证明有某个具体的a，用圆规直尺无法作出方程（2）的根，就证明了规尺作图不可能三等分某个角。三等分角问题也就从反面解决了！

用蚌线解决三等分角问题

大约在公元前200年，希腊人尼哥米德在研究三等分角问题时发现了一种曲线。大家称这种曲线为尼哥米德蚌线。

已知直线l和直线外一点O，再取一定长a，便可确定一种尼哥米德蚌线。方法是：由O点引射线与l交于D。在OD上分别向l两侧截取$DP=DQ=a$。当D在l上变动时，P、Q的轨迹各形成蚌线的一支。l 叫做准线，O 叫做极点。a 叫做蚌线的参数。

蚌线有三类（如图 18－8）。设 O 到 l 距离为 c。若 $c>a$，蚌线不过 O 点；$c=a$，蚌线在点 O 处有个尖儿；若 $c<a$，蚌线穿过点 O 绕个扣儿又穿回去。

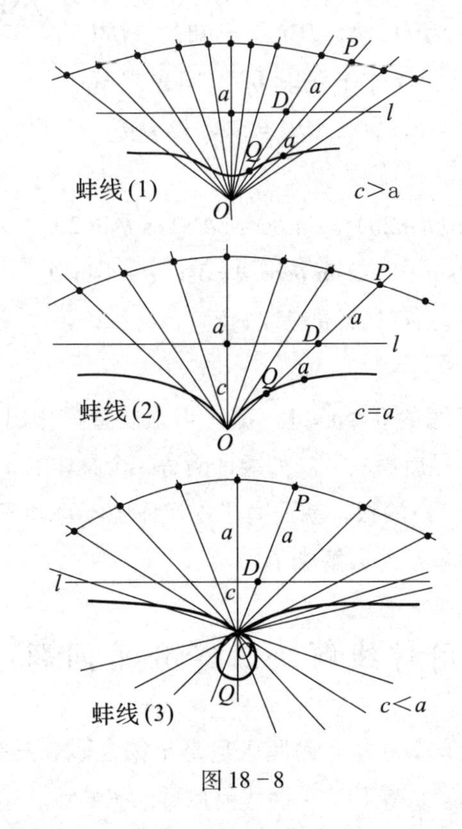

图 18－8

用蚌线三等分角，是根据阿基米德的方法。如图 18－9，想要三等分 $\angle ABO$，可以把直线 AB 作为准线，O 作为极点，BO 之长为参数。以 B 为心作圆在 $\angle ABO$ 之外与蚌线过 O 的一支交于 Q，OQ 交准

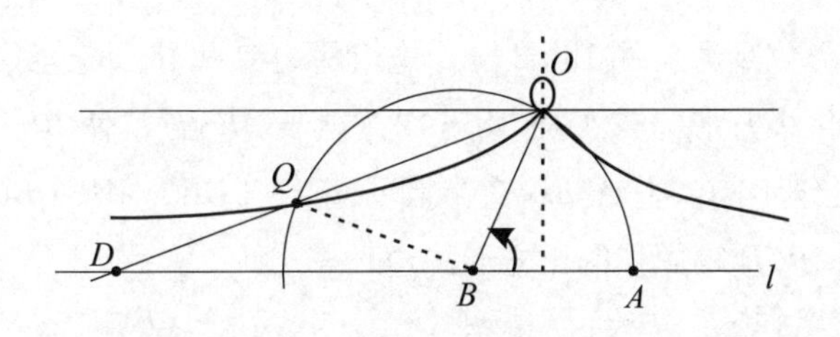

图 18-9　用蚌线三等分一个角

线于 D。由 $DQ=BQ=BO$，用上节所说的阿基米德方法，可知 $\angle QBD=\frac{1}{3}\angle ABO$。

规尺作图不可能问题之三——圆化方

任意 n 边形，当 $n>3$ 时，总能用圆规直尺把它改造成面积相等的 $n-1$ 边形。

例如，图 8-10 中的五边形 $ABCDE$ 被改造成等面积的四边形 $ABFE$。办法很简单：过 D 作直线平行于 EC，与 BC 的延长线交于 F，则 $\triangle FEC=\triangle DEC$，改造完成。

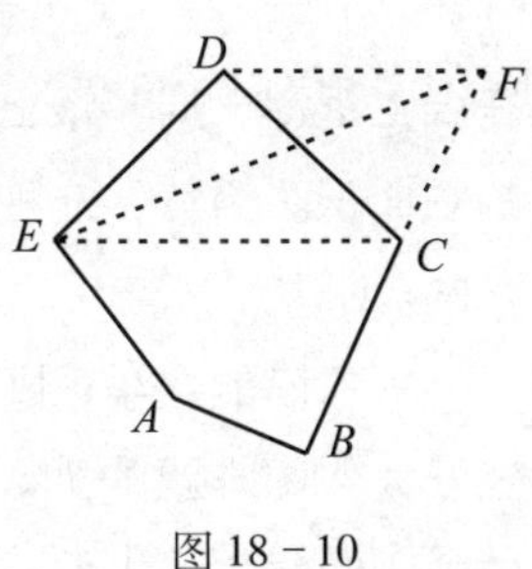

图 18-10

这样，一步一步地，可以把多边形改造成等面积的三角形，三角形可以改造成等面积的矩形，矩形可以改造成等面积的正方形。

三角形化矩形（图 18－11），是取两边中点 M、N 连线，削尖补平。矩形化正方形方法如图 18－12，延长 AB 至 E 使 $BE=BC$，以 AE 为直径作半圆。直线 BC 交半圆于 F，则 $BF^2=AB\cdot BC$，故 BF 是与矩形 $ABCD$ 等面积的正方形的边长。

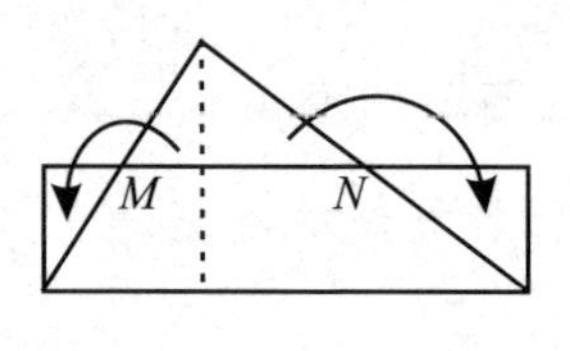

图 18－11　三角形化矩形

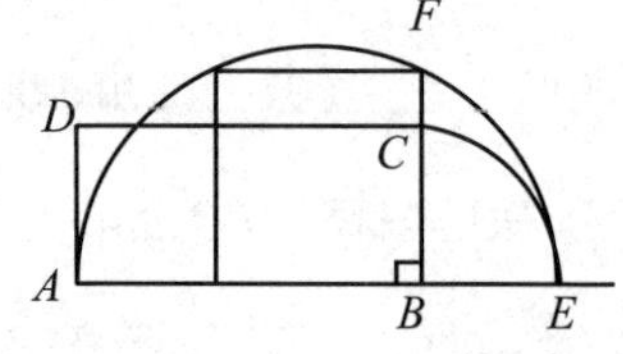

图 18－12　矩形化正方形

人们自然会进一步问：能不能把圆也化成正方形呢？具体地，能不能用圆规直尺画出一个正方形，使它的面积等于半径为 1 的圆的面积呢？这个问题和立方倍积、三等分角同样古老，一起被称为“几何作图的三大难题”！

文艺复兴时代（15 世纪～16 世纪）的艺术大师达・芬奇提出过一个有趣的化圆为方的方法。取一个高为 $\frac{1}{2}$，底半径为 1 的圆柱，在纸上滚动一周，滚出一个矩形来。这矩形的面积恰好等于半径为 1 的圆面积。当然，这种滚动圆柱的手段是不符合规尺作图公法的要求的。

古希腊的数学家阿拿撒哥拉斯（Anaxagoras）是最早下大功夫研究三大作图难题的人。据说他在牢里还在钻研圆化方问题。另一个致力于圆化方的古希腊数学家是希波克拉特（Hippocrates）。他得到了一个有意义的副产品：如图 18－13，设 $\triangle AOB$ 是等腰直角三角形。以直角顶点 O 为心作半径为 OA 的圆，又以 AB 为直径作圆，两圆弧之间形成一个月牙儿——阴影部分。这个月牙儿形面积恰好等于$\triangle AOB$的面积！人们想，比圆复杂的月牙儿形都能化成半方形，圆为什么不能化方呢？因此，两千多年来，一直有人在这个问题上呕心沥血地研究。

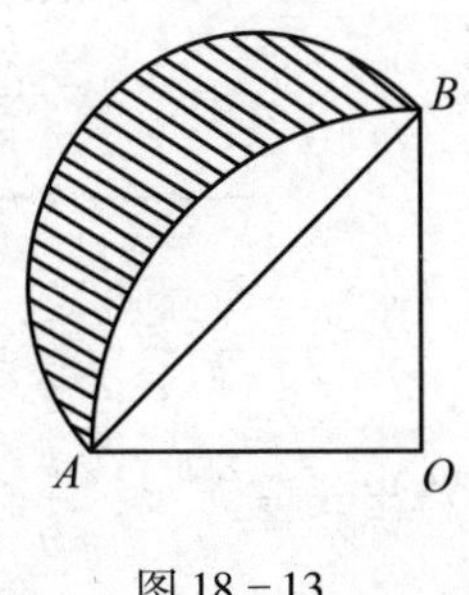

图 18－13

圆化方的关键，是要从单位长的线段出发，作出一条长度为π的线段。这与立方倍积、三等分角有相似之处。立方倍积是要作出长为$\sqrt[3]{2}$的线段，三等分角则要作出长为方程$4x^3-3x+a=0$的根的线段，都是要作出某个指定长度的线段。但π与$\sqrt[3]{2}$不同，与$4x^3-3x+a=0$的根也不同。π的奥秘比$\sqrt[3]{2}$或$4x^3-3x+a=0$的根藏得更深。直到1882年，即万彻尔证明了规尺作图不能实现立方倍积与三等分角45年之后，林德曼弄清楚了π是超越数——不是任何整系数代数方程的根，同时也证明了化圆为方是规尺作图不可能问题！

圆规直尺能干些什么

三大作图难题长期得不到答案，人们逐渐想到：是不是因为规尺作图本领有限，根本不可能完成这三个任务呢？

那么，规尺作图能干些什么呢？由这个观点，更高的问题就提出来了。

三个作图难题的关键，都是要求从单位长的线段出发，作出长度为某个数值的线段。所以，更一般的具体问题是：从单位长的线段和若干条长度已知的线段出发，能用规尺作图作出的线段的长度都是什么样的数?

容易检验这些结论:

(1) 知道了长度为 a、b 的线段，可用圆规直尺作出长度为 $a+b$、$|a-b|$ 以及长度为 $\sqrt{ab}$ 的线段（如图）。

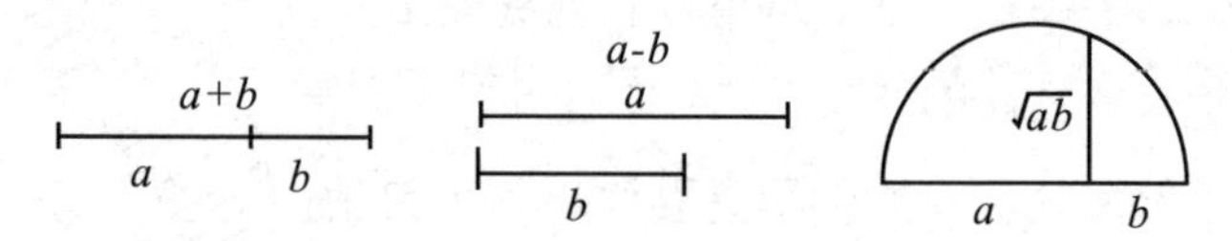

(2) 知道了长度 a、b 的线段和长度为 1 的线段，可用圆规直尺作出长度为 ab、$\frac{b}{a}$ 以及长度为 $\sqrt{a}$ 的线段。

这些步骤可以反复进行。例如，从长度为 1 的线段出发，可作出长度为 2、3、4 的线段，进而作出长度为 $\sqrt{2}$、$\sqrt{3}$ 的线段，长度为 $\sqrt{\frac{\sqrt{2}}{5}+\frac{\sqrt{3}}{3}}$ 的线段，长度为 $\sqrt{3+\sqrt{\sqrt{2}+\sqrt{3}}}$ 的线段，等等。

也就是说，用圆规直尺作出的线段长度相当于对初始的线段长度反复作四则运算与开平方运算得到的数。

（预先知道单位线段是重要的，单位不确定，乘法的结果就无法确定。）

反过来，可以证明，圆规直尺的本领，也不过如此而已。

从 1 出发，经过 +、 −、 ×、 ÷ 和开平方运算有限次，能得到 $\sqrt[3]{2}$ 吗? 如果不能，立方倍积问题就是规尺作图不可能问题。能得到 π 吗? 如果不能，圆化方问题就是规尺作图不可能问题。从 1 和 a 出发，反复进行四则运算和开平方，能算出方程 $4x^3-3x+a=0$ 的根吗? 如果不能，就不可能用规尺作图三等分任意角。这样，几何问题化成了代数问题。万彻尔证明了用四则运算不能从 1 求出$\sqrt[3]{2}$，也不能从 1 和 a 求出方程 $4x^3-3x+a=0$ 的根（除了某些特殊的 a，例如 $a=1$，这时有一个根 $x=\frac{1}{2}$），所以他从反面解决了立方倍积与三等分角问题。林德曼证明了 π 不是任何整系数代数方程的根，它不能从 1 出发通过有限次四则运算与开方运算得出（这样得出的数一定是整系数代数方程的根），更不能通过四则运算与开平方得出，所以就从反面解决了圆化方问题。

进一步问，哪些整系数代数方程的根能通过四则运算与开平方从 1 出发而得到呢？这个问题被法国青年数学家伽罗瓦彻底解决了。（参看第六章“两位早逝的天才”一节）

有人对于圆规直尺不可能完成某些似乎并不复杂的几何作图任务想不通，说什么“过去不可能，今天也许是可能的”，甚至白白花费时间与精力幻想找出用规尺三等分角的方法。其根本原因，是不肯花气力认真学习前人千辛万苦取得的知识。数学是讲道理的严格的科学，只要你认真学，弄明白它的道理，你就会相信它的结论。一切工具都有它的能力范围，圆规直尺作图也有它的能力范围。范围找出来了，问题就解决了。

等分圆周与正多边形作图

用圆规直尺可以把圆周二等分、三等分、四等分、五等分、六等分，也就是可以作出正三角形、正方形、正五边形、正六边形。这是两千多年前古希腊人都知道了的。于是，他们开始研究正七边形的规尺作图法。这个问题虽不像三大作图难题那么出名，却同样困难。

两千多年之后，在1795年，被誉为数学王子的德国数学家高斯，在他18岁的时候，在正多边形作图问题上作出了重大贡献。他从代数的角度考察问题，发现了这样的事实：

如果 $p=2^{2^n}+1$ 是素数（n 是非负整数），则方程 $x^p-1=0$ 的根可以从1出发，通过四则运算和开平方求出，而这个方程的 p 个根，在复平面上恰好是半径为1的圆内接正 p 边形的顶点。这么一来，正 p 边形也就可以用圆规直尺作出来了。当 $n=0$ 时，$p=3$；$n=1$，$p=5$；$n=2$，$p=17$。于是，高斯肯定正十七边形是可以用规尺作出的，并且真的作了出来。

高斯当时还指出，如果 p 是不能表成 $2^{2^n}+1$ 形的素数，正 p 边形就不能用圆规直尺作出。所以，正七边形、正十三边形、正十九边形，都不可能用规尺作出图来。但是，这些正多边形不能用规尺作出的证明，却是万彻尔在1837年发表的。后来，伽罗瓦的理论使这个问题得到彻底解决。

100边以内的正多边形，共有24种可以用圆规直尺作出。它们的边数是3、4、5、6、8、10、12、15、16、17、20、24、30、32、34、40、48、51、60、64、68、80、85、96。你注意到了吗？它们的因子只有2、3、5、17，而且没有因子 3^2、5^2！

规尺作图的限制与推广

规尺作图本身，实际意义并不大。我们何必作茧自缚，限制自己只用圆规和无刻度的直尺作图呢?

为了工程技术的实际需要，人们在规尺之外创造了许多作图工具，发明了不少作图方法。例如椭圆规、丁字尺、分角器、放大尺，在作图中当然还可以利用刻度直尺、量角器、数学用表，现在还可以用电子计算机帮人绘图。新工具、新方法能绘出满足实际需要的、高度精确的图，什么三等分角、圆化方、立方倍积、等分圆周，全然不在话下。甚至我国古代的规与矩作起图来，其威力也一定超过圆规直尺，可惜没有进行系统的研究与总结罢了。

但是，数学家研究规尺作图，却是“醉翁之意不在酒”，目的不是为了实际的需要，而是由于理论上的兴趣。研究规尺作图，起了“抛砖引玉”的作用。它引出了新的数学对象、数学方法和数学问题，大大丰富了数学的内容。

为了作图的实际需要，人们放开手脚，创造超出规尺之外的作图工具与方法。由于理论兴趣，数学家却提出了进一步束缚自己手脚的作图问题：只用一把圆规能做些什么? 只用一把直尺能做些什么? 一支开口固定的圆规又能做些什么? 这叫做限制规尺作图问题。在这一块小小的园地里，由于数学家的心血汗水的浇灌，确实生长出几丛令人赏心悦目的奇花异草。

单规作图

就在几何作图三大“难”题被解决之前不久（1797 年），意大利数学家马谢罗尼（Lorenzo Mascheroni，1750 ~ 1800）的一本书里的新结果引起了大家的兴趣。他证明了一件出人意料的事：只要用一支圆规，就能完成圆规与直尺联合起来才能完成的工作！

当然，用圆规不能画直线段。这里说的是，凡是用圆规直尺联合起来能够确定的点，只用一支圆规也能把这个点确定出来。

后来大家才知道，早在1673年，丹麦人摩尔（George Mohr，1640～1697）的一本书里已经发表了这一惊人的事实。马谢罗尼不过是重新发现了这条定理。

圆规直尺可以完成的作图题成千上万，怎样才能证明一支圆规有同样的能力呢？其实，追根究底，只要能证明圆规能完成下列作图任务就行了：

（1）已知 A、B、C、D 四点，以 A 为心过 B 作圆，求圆与线段 CD 的交点。

（2）已知 A、B、C、D 四点。若 AB 与 CD 不平行，求直线 AB 与 CD 的交点。

让我们由简到繁，步步为营地完成几条只用圆规的作图题，顺便实现上面两项任务。

单规作图1 已知两点 A、B，求作直线 AB 上的一点 C，使 $AB=BC$。

方法：以 AB 为半径，分别以 A、B 为心作圆交于 D，以 B、D 为心作圆交于 E，以 B、E 为心作圆交于 C，C 即为所求。

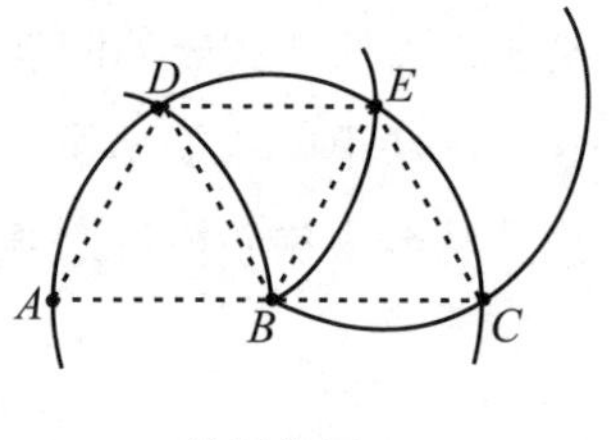

单规作图1

单规作图2 已知两点 A、B，求线段 AB 的中点。

方法：按单规作图1，作点 C 使 $AC=2AB$。分别以 A、B 为心作圆交于 D，再分别以 D、A、B 为心，以 AB 为半径作圆。则⊙D 分别切⊙A、⊙B 于 E、F，以 AB 为半径，分别以 E、F 为心作圆交于 G。G 就是 AB 的中点。

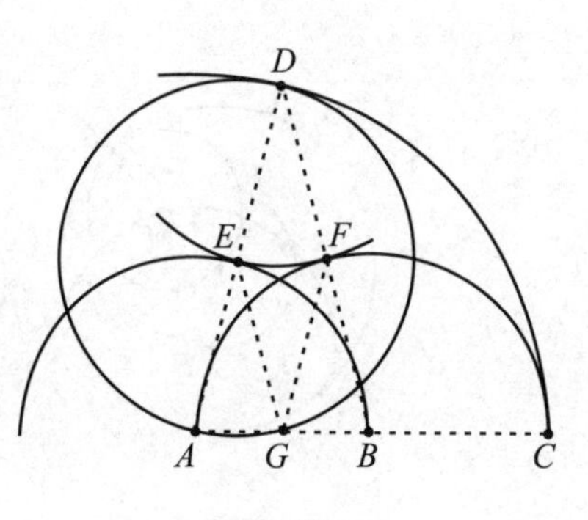

单规作图 2

单规作图 3 已知两点 A、B 及另一点 P，求自 P 点引向直线 AB 的垂足。若 P 在直线 AB 上，求直线 AB 外一点 Q 使 $QP \perp AB$。

方法：先作出 AP、BP 之中点

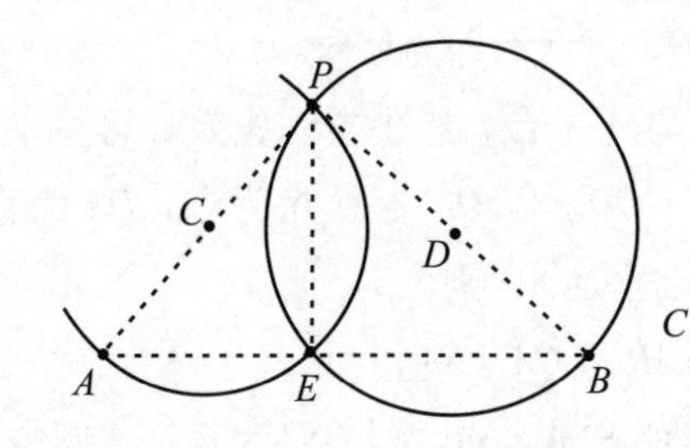

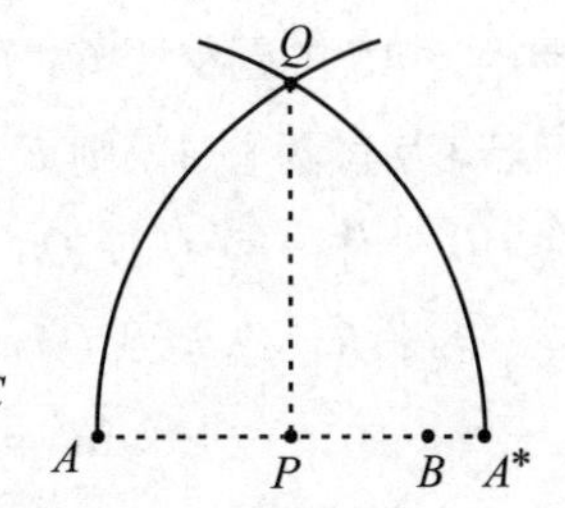

单规作图 3

C、D（单规作图 2）。再分别以 AP、BP 为直径作圆，两圆之交点 E 即自 P 引向 AB 之垂足。若 E 与 P 重合，表明 P 在直线 AB 上。这时可按单规作图 1，作出 AP 延长线上的一点 A^*，使 $A^*P = AP$。分别以 A、A^* 为心，AA^* 为半径作圆交于 Q，则 $PQ \perp AB$。

单规作图 4 已知 4 点 A、B、C、D，求直线 CD 与以 A 为心过 B 点之圆的交点。

方法：在下面左图中，作 A 到 CD 的垂足 E（根据单规作图 3）。再以 AB 中点 M 为心，AB 为直径作⊙M，以 A 为心，AE 为半径作圆交⊙M 于 P，则 $BP = \sqrt{AB^2 - AE^2}$。以 E 为心，BP 为半径作圆与以 A

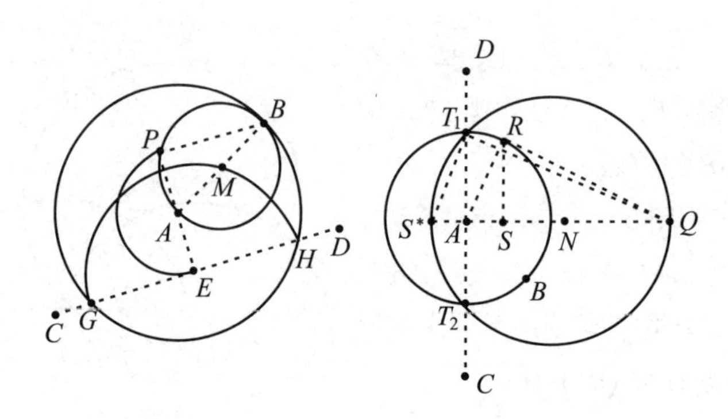

单规作图 4

为心半径为 AB 的圆交于 G、H，这两点即为所求。

但若 CD 过圆心 A，则 E 与 A 重合，以上方法失效。可按下法：在直线 CD 外作一点 Q 使 $QA \perp CD$。以 QA 中点 N 为心，QA 为直径作圆交⊙A 于 R，作 R 到 QA 之垂足 S，则：

$$AB^2 = AR^2 = QA \times SA。$$

再作 SA 延长线上一点 S^* 使 $S^*A = SA$，以 QS^* 为直径作圆交⊙A 于 T_1、T_2。由 $AT_1^2 = AT_2^2 = QA \times S^*A$，可以知道 $T_1T_2 \perp QA$ 且 A 在 T_1T_2 上。于是 T_1 与 T_2 即为所求。

单规作图 5　已知 4 点 A、B、C、D，求作直线 AB 上的两点 P、Q，使得 $AP = AB + CD$，$AQ = |AB - CD|$。

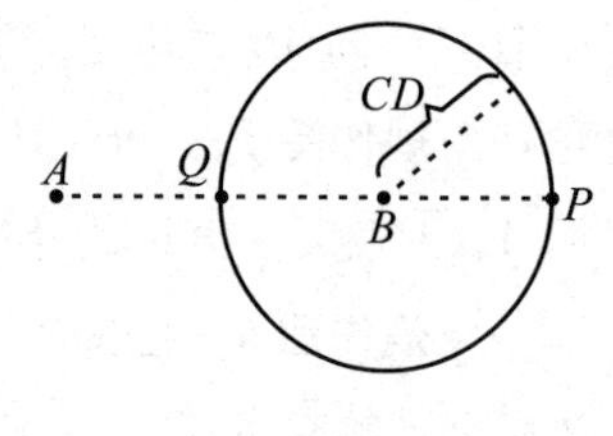

单规作图 5

方法：在右图中，以 B 为心，以 CD 为半径作圆，作直线 AB 与此圆的两交点为 P、Q（单规作图 4），则 P、Q 即为所求之两点。

单规作图 6　已知线段 a、b 的端点，又给了 G、H 两点，求作

直线 GH 上一点 M，使 $GM:HM=a:b$。

方法：不妨设 a、b 足够长以致 $|a-b|>GH$。不然，可以把 a、b 同时延长若干倍（单规作图 1）。如果 $a=b$，则 M 即 GH 中点，已解决（单规作图 2）。设线段 $a>b$，a 的端点是 A、B。在直线 AB 上取 P、Q 使 $PB=QB=b$（单规作图 5）。设 P 在 A、B 之间而 Q 在 AB 的延长线上。

以 AQ 为直径作 $\odot_1$，再以 Q 为心，GH 为半径作圆交 $\odot_1$ 于 S。自 B 向 QS 引垂足 D（单规作图 3），则 $SD:DQ=a:b$，再分别以 G、H 为心，SD、DQ 为半径作圆切于 M，M 即为所求。

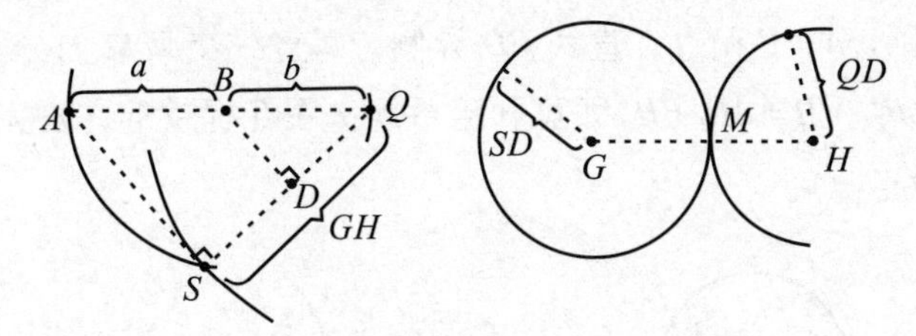

单规作图 6—M 内分 CH

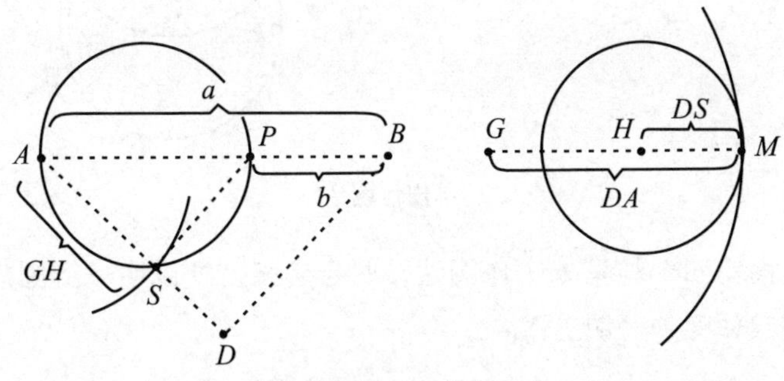

单规作图 6—M 外分 CH

也可以使 M 外分 GH 成 $a:b$。方法是以 AP 为直径作$\odot_1$，再以 A 为心，GH 为半径作圆交$\odot_1$ 于 S。自 B 向 AS 引垂足 D，则 $DA:DS=a:b$。再分别以 G、H 为心，DA、DS 为半径作圆切于 M，则 M 即为所求。

单规作图 7　已知 A、B、C、D 4 点，求直线 AB 与 CD 之交点。

方法：A、B 分别向 CD 直线引垂足 G、H（单规作图 3），分别以 AH、BG 为直径作两圆，若两圆重合，表明 $AB/\!/CD$，无交点。若两圆中有一圆包含了 A、B、G、H 4 点（例如：B 在由 A、G、H 所决定的圆内），则 A、B 两点在直线 CD 同侧，两直线交点 M 外分 GH。否则，A、B 两点在直线 CD 异侧，两直线交点 M 内分 GH。利用条件 $MG:MH=AG:BH$，即可利用单规作图 6 提供的方法完成求点 M 的任务。

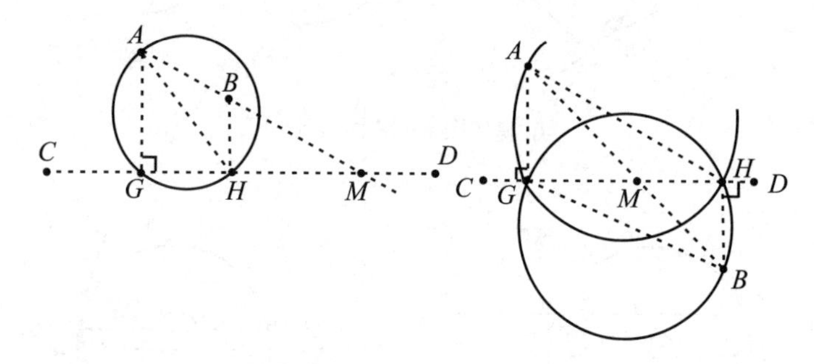

单规作图 7

上面第四个与第七个作图法，联合起来，便说明一支圆规足以胜任规尺作图的一切工作。

生锈的圆规

人们最早使用的圆规，很可能是由一根树丫杈改造而成的。这种圆规开口固定，只能画一定半径的圆。丈量土地的“尺”，实际上也是开口固定的圆规。这自然会引起大家的思考：开口固定的圆规能干些什么？

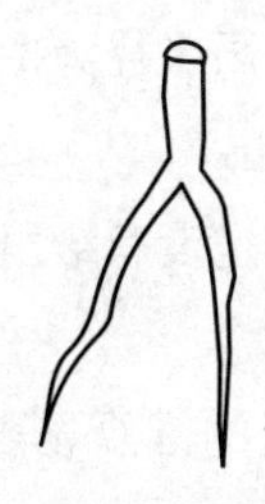

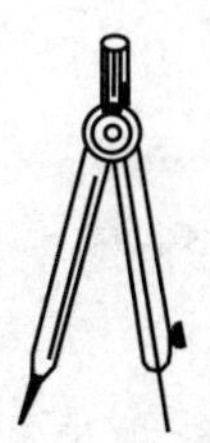

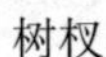

树杈　　量地尺

从 15 世纪 ~ 17 世纪，许多数学家（包括三次方程求根公式的发现者塔塔里亚与卡丹，四次方程求根公式的发现者费拉里）研究过用直尺与开口固定的圆规作正多边形的方法。直到 1673 年，丹麦人摩尔证明：用直尺和开口固定的圆规配合，能完成一切规尺作图。

法国数学家彭色列（J. V. Poncelet）在 1822 年进一步证明：有了一把直尺之后，不要什么开口固定的圆规，只要在纸上有一个预先画好了的圆和圆心，就能够完成一切规尺作图。1833 年，德国数学家斯坦纳的一本书里给这件事以更漂亮的证明。

至此为止，限制规尺作图似乎已经山穷水尽了。再限制下去，只用一根直尺，确实作不出什么花样来。只用一把开口固定的圆规呢？大家也觉得没什么文章可做。这个领域冷落了150年。

美国的一位几何学家，年过七旬的佩多（D. Pedoe）却独具慧眼，看出这一把开口固定的圆规并不像大家所想的那么简单。他精心选择了两个问题，在加拿大的一份国际杂志上向数学家和数学爱好者们征求解答：

1. 已知两点 A、B，只用一把仅能画半径为1的圆的圆规，能不能作出点 C，使 $\triangle ABC$ 是正三角形？（1979年提出）

2. 已知两点 A、B，只用一把仅能画半径为1的圆的圆规，能不能找出线段 AB 的中点 M？（1982年提出）

要知道，这两个问题中，线段 AB 是没有给出来的。这增加了问题的难度。

佩多把这种只能画半径为1的圆的圆规形象地叫做“生锈圆规”。这一叫法已流行起来。下面，我们把这种作图题叫做“锈规作图”问题。

佩多的这两个问题，几年之后，都被中国人解决了。

锈规找正三角形的第三顶点

佩多对锈规作图的兴趣，是由他发现的下列“五圆构图”而引起的：

锈规作图1 已知两点 A、B，且 $AB<2$，则（用半径为1的锈规）可作点 C，使 $\triangle ABC$ 为正三角形。

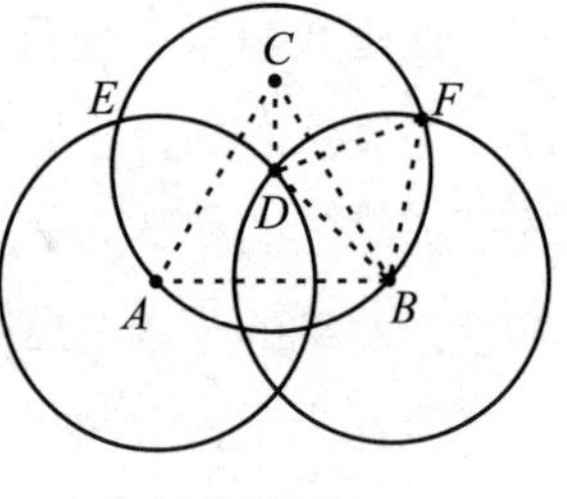

锈规作图1

方法：作（半径为1的，下同）$\odot A$ 与 $\odot B$ 交于 D，作 $\odot D$ 分别交 $\odot A$、$\odot B$ 于对称的两点 E、F，作 $\odot E$ 与 $\odot F$ 交于不同

D 的 C 点，C 即为所求。证明很简单：$\angle ACB = 2\angle BCD$，由圆周角定理 $\angle BCD = \frac{1}{2}\angle BFD = 30°$。

佩多立刻意识到自己面前这个五圆构图是五千多年来未被发现的几何事实之一，这使他提出“任给 A、B 两点，用锈规找正三角形 ABC 的第三顶点 C”的问题。这个问题被中国数学工作者单墫、张景中、杨路用几种不同的方法解决了。张、杨的方法可分解为下面的基本作图。以下说到的“可作”均指“只用半径为 1 的锈规可作”，提到的⊙A、⊙B 等均指半径为 1 的圆。

锈规作图 2 任给两点 A、B，可作一系列的点 A_0，A_1，A_2，…，A_n，使 $A_0 = A$，$A_n = B$，并且 $A_0A_1 = A_1A_2 = A_2A_3 = \cdots = A_{n-1}A_n = 1$。

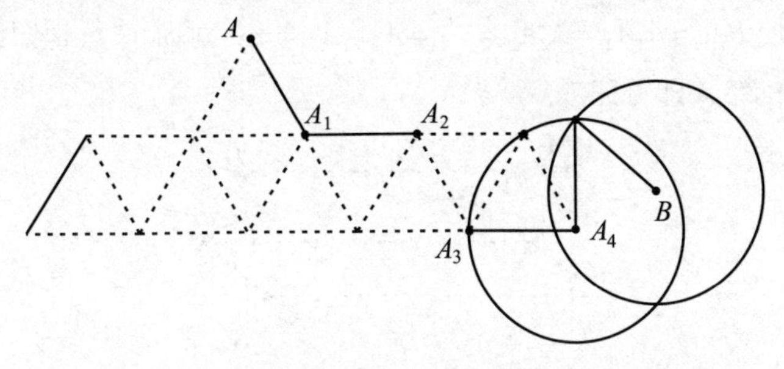

锈规作图 2

方法：从 A 出发作边为 1 的弧边正三角形蛛网格点阵。当某个网格罩住 B 点时，作⊙B 与网上某弧交于一点 A_{n-1}，这一系列的点便不难找到了。

锈规作图 3 已知 A、B、C 三点，求作第四点 D，使 $ABCD$ 是平行四边形。

方法：若 $AB = BC = 1$，则作⊙A、⊙B 之交点 D，即为所求。若

$AB=1$，$BC\neq 1$，则在 B 与 C 之间插入 $n-1$ 个点 B_1，B_2，…，B_{n-1}，再使 $B_0=B$、$B_n=C$，且 $B_kB_{k+1}=1$，$k=0$，1，…，$n-1$（作图2）。对 n 作数学归纳。$n=0$ 时已作过。若已作出平行四边形 $ABB_kA_k^*$，进一步作菱形 $A_k^*B_kB_{k+1}A_{k+1}^*$，则 $ABB_{k+1}A_{k+1}^*$ 也是平行四边形，至 $k=n$ 时，A_n^* 即所求之 D。

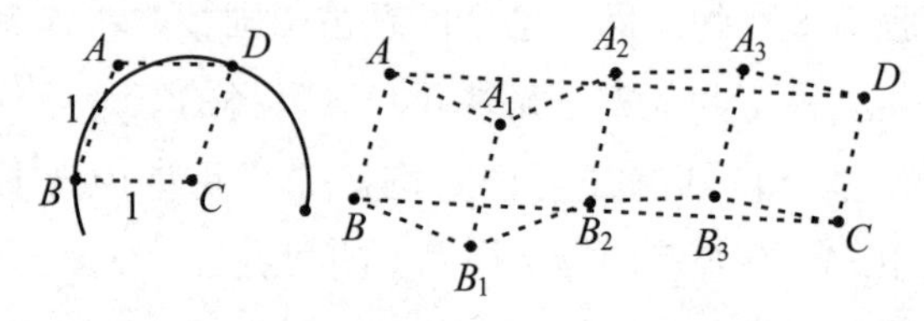

锈规作图3　$AB=1$

进一步考虑一般情形，可在 B 与 A 之间插入 A_1，A_2，…，A_{m-1}，$A_m=A$ 使 $BA_1=A_1A_2=A_2A_3=\cdots=A_{m-1}A_m=1$。对 m 作数学归纳，利用刚才的结果即可完成。

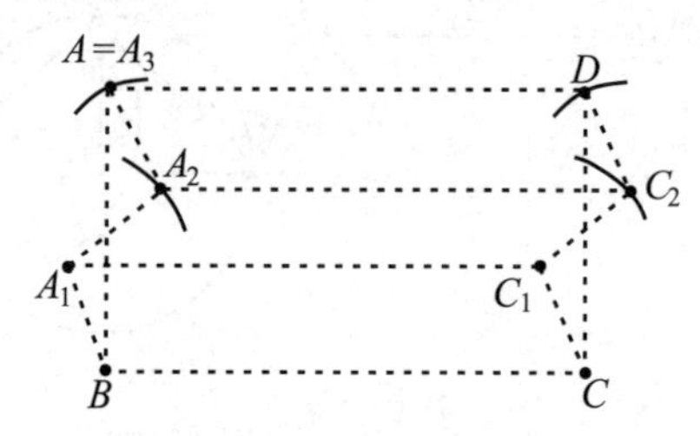

锈规作图3——一般情形

锈规作图4　（佩多的第一个问题）已知 A、B 两点，可作点 C 使 $\triangle ABC$ 为正三角形。

方法：以 A 为心作圆，圆 A 上任取一点 P，以 A、P 为基础作蛛网点阵。在蛛网点阵中找出一点 B^* 使 $BB^*<2$。再找出一点 C^* 使 $\triangle AB^*C^*$ 为正三角形。（蛛网点阵可以看成是以 A 为中心的一层层正

六边形。若 B^* 在自内而外第 k 个正六边形周界上，则自 B^* 沿此六边形周界走 k 个单位的路程，即得点 C^*。这样的 C^* 有两个。）然后，作 Q 使 $\triangle QB^*B$ 为正三角形（因 $B^*B<2$，可用作图 1），且使 $\triangle C^*AB^*$ 上顶点 C^*—A—B^* 旋转方向与 $\triangle QB^*B$ 上的 Q—B^*—B 一致。再作点 C 使 C^*B^*QC 为平行四边形（作图 3），则 $\triangle ABC$ 为正三角形。(证明略)

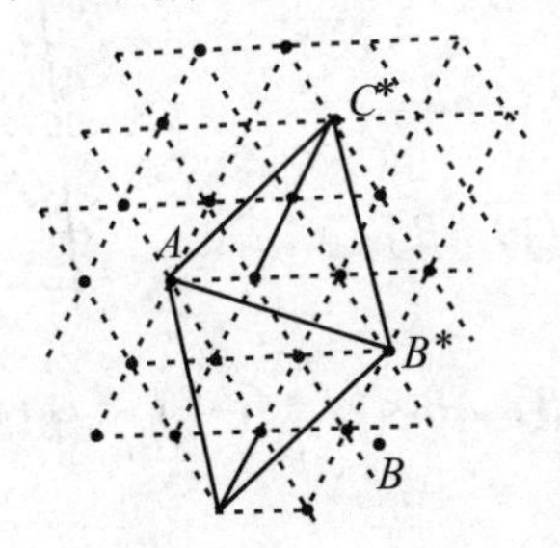

网点阵中找正三角形顶点

作图的完成

锈规作图 4

锈规找中点

这是佩多提出的锈规作图的第二个问题，难度比第一个问题大。我国一位自学青年侯晓荣，在问题提出 3 年之后（1985 年）从理论上证明了这是可作的。张景中、杨路给出了下列较简单的作图方法。

锈规作图 5　已知两点 A、B，可以作 AB 延长线上一点 C，使 $AC=nAB$ $(n=2, 3, 4, \cdots)$。

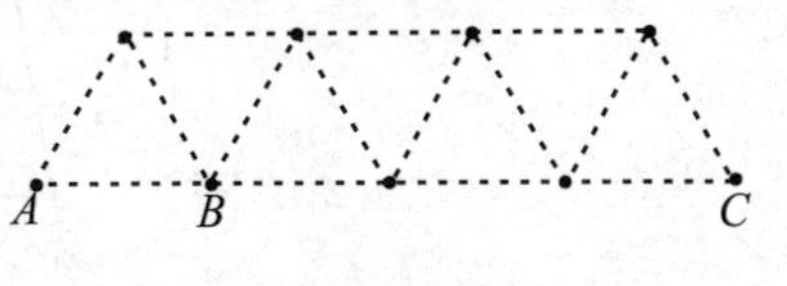

锈规作图 5

方法：利用锈规作图 4，反复作正三角形来完成这个任务。(若 $AB<2$，利用作图 1 即可。)

锈规作图 6　已知 A、B 两点，可以作点 C，使 $AC=BC=$

$\sqrt{19}AB$。

方法：以 AB 为底作正三角形，反复向上作到5层高。因为正三角形高与底之比是 $\frac{\sqrt{3}}{2}$，故这个“五层宝塔”高度为 $\frac{5\sqrt{3}}{2}AB$。用勾股定理可以算出塔尖 C 到 A（或 B）的距离为

$$\sqrt{\left(\frac{1}{2}\right)^2+\left(\frac{5\sqrt{3}}{2}\right)^2}AB=\sqrt{19}\,AB。$$

锈规作图6

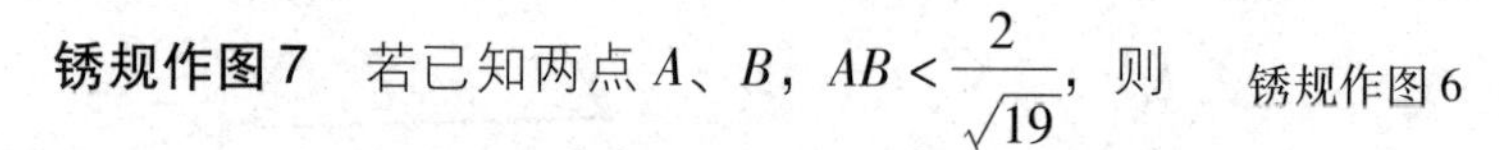

锈规作图7 若已知两点 A、B，$AB<\frac{2}{\sqrt{19}}$，则可作点 C，使 $AC=BC=\frac{1}{\sqrt{19}}$。

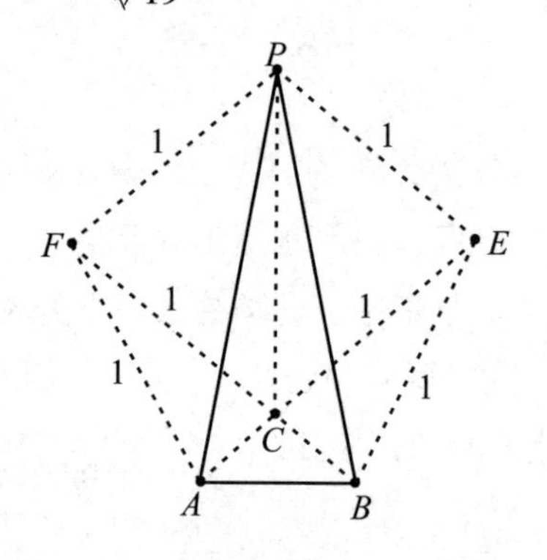

锈规作图7

方法：先作点 P 使 $PA=PB=\sqrt{19}\,AB$。作⊙A、⊙B 分别与⊙P 交于对称的两点 E、F。作⊙E、⊙F 交于 P 及另一点 C，则 C 为所

求。这是因为$\angle APB=2\angle CPB=\angle CEB$，因而$\triangle PAB\backsim\triangle ECB$，故

$$BC=\frac{BC}{BE}=\frac{AB}{BP}=\frac{1}{\sqrt{19}}。$$

此外，因$AB<\dfrac{2}{\sqrt{19}}$，故$PA=PB<2$，所以$\odot P$与$\odot B$相交。

锈规作图8　若已知两点A、B，$AB=\dfrac{1}{\sqrt{19}}$，则可以作出AB的中点M。

方法：要经过几个曲折而巧妙的步骤：

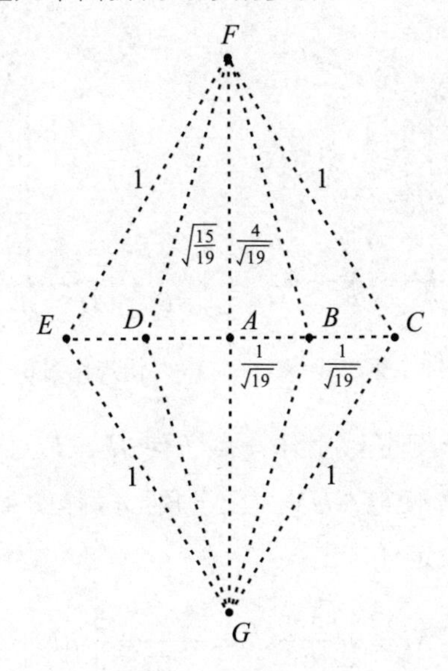

锈规作图8　第一步

第一步：在直线AB上作C、D、E，使它们依顺序E、D、A、B、C排列且$ED=DA=AB=BC$（作图5）。作$\odot E$与$\odot C$交于两点

F、G。用勾股定理可以求出 $FA=GA=\sqrt{1-\left(\frac{2}{\sqrt{19}}\right)^2}=\sqrt{\frac{15}{19}}$，$BF=\frac{4}{\sqrt{19}}$。

第二步：作 BF 的延长线上一点 H 使 $HF=BF$。作⊙B、⊙H 交于 I，则 $IF\perp FB$ 且 $IF=\sqrt{\frac{3}{19}}$（下左图）。

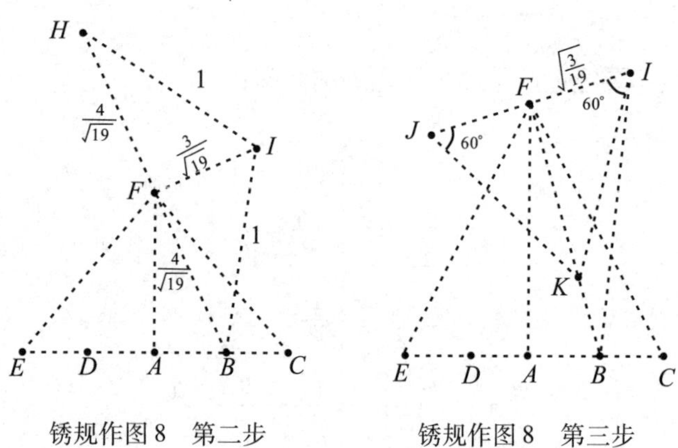

锈规作图 8　第二步　　　锈规作图 8　第三步

第三步：在 IF 延长线上作一点 J 使 $JF=FI$（作图 5），再在直线 IJ 的 B 侧作点 K 使得 $\triangle IJK$ 为正三角形（作图 4），则 K 在 BF 上且 $KF\perp IJ$。用勾股定理求出：

$$KF=\sqrt{\frac{3}{19}}\cdot\sqrt{3}=\frac{3}{\sqrt{19}}=\frac{3}{4}BF。$$

这里用到 $BF=\frac{4}{\sqrt{19}}$。

第四步：用同样方法，在直线 AB 另一侧作与 K 对称的点 L，L

在 BG 上，使 $BL=BK$。再作 M 点使 $LBKM$ 为平行四边形（作图 3），则 M 在 AB 上，且 $AM=MB$。这是因为 $LBKM$ 与 $GBFD$ 是相似菱形，由 $BK=\frac{1}{4}BF$ 可以得知 $BM=\frac{1}{4}BD=\frac{1}{2}AB$。

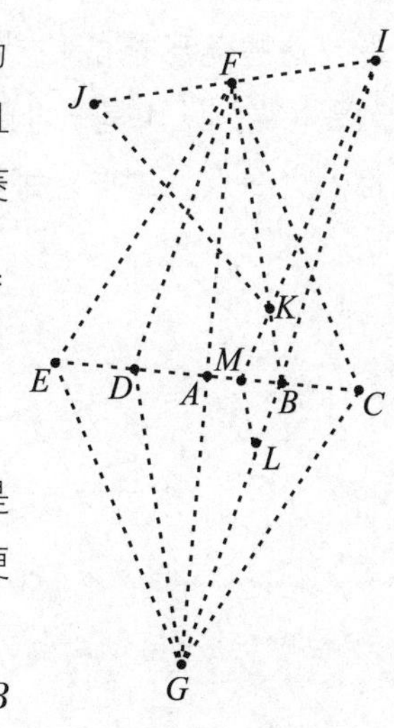

锈规作图 8　第四步

在整个求中点的锈规作图中，作图 8 是关键的一环，也是最难突破的一关。以下便势如破竹了。

锈规作图 9　已知 A、B 两点，如果 $AB<\frac{2}{\sqrt{19}}$，则可以作出 AB 的中点。

方法：作点 C 使 $AC=BC=\frac{1}{\sqrt{19}}$（作图 7），再分别作出 AC、BC 的中点 P、Q（作图 8），作 M 使 $PCQM$ 为平行四边形，M 就是 AB 的中点。

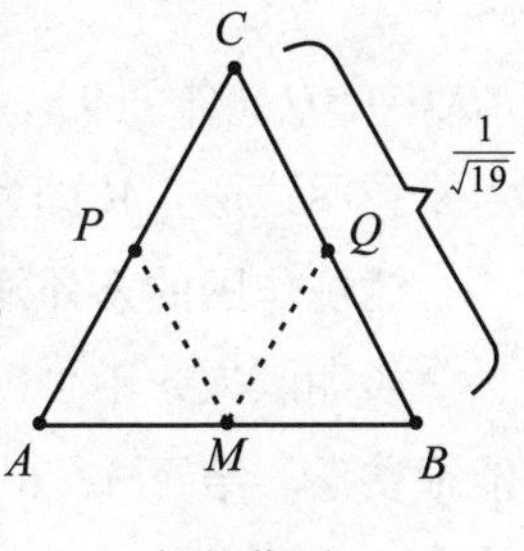

锈规作图 9

锈规作图 10　任给 A、B 两点，可作线段 AB 的中点 M。

方法：取一点 D 使 $AD<\frac{1}{\sqrt{19}}$，再作点 E 使得 $\triangle ADE$ 是正三角形。用边长为 AD 的正三角形从 $\triangle ADE$ 开始向四周铺开，这些三角形的顶点都是可作的（作图 1）。每一对共边的三角形凑成一个小菱

形，这些菱形格的格点当然就是三角形顶点。四个菱形拼成一个“田”字，设 A 是一个田字的中心。把所有田字的中心染黑，其他的格点为白点。这样，每两个黑点连线的中点仍是格子点。

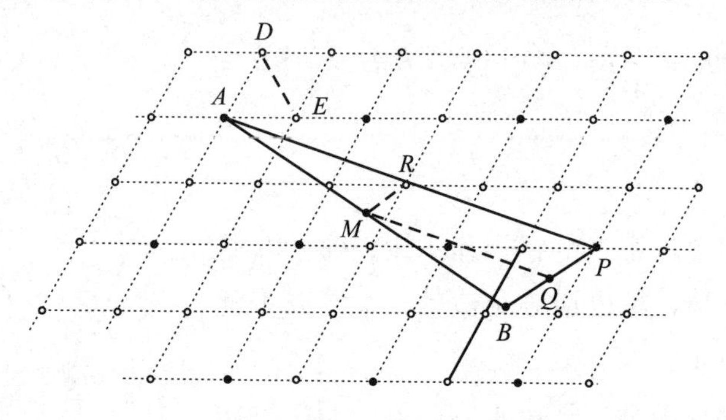

锈规作图 10

因为小菱形边长小于$\frac{1}{\sqrt{19}}$，故必有黑点 P 使 $PB<\frac{2}{\sqrt{19}}$。作出 PB 中点 Q（作图9），再在格点中挑出 AP 之中点 R。作 M 使 $QPRM$ 为平行四边形，M 即为 AB 的中点。

锈规作图的意外能力

长期以来，不少数学家心目中，认为锈规能作出的几何图形可能很贫乏。给了 A、B 两点，用锈规居然能找出点 C 使 $\triangle ABC$ 为正三角形，这一发现已使问题的提出人佩多十分欣喜。至于找 AB 中点的问题，则大家都觉得是不可能的。两个问题都解决了之后，自然会问：这些作图是不是偶然成功的特殊事件？

侯晓荣用代数方法获得了使人吃惊的结果。他证明了：从已知两点 A、B 出发，凡是圆规直尺能作出的点，都可以用一支只能画单位圆的锈规作出。按他的证明，可以给出具体的作图方法。

因此，给了边长，用锈规可以作出正方形、正五边形、正十七边形等正多边形的顶点。用锈规还能作出线段的 n 等分点（只给出线段的端点!）等等。锈规作图的能力，远远超出了人们预先的估计。

当然，锈规作图比起古典的规尺作图来，实际意义更小了。但关于它的研究，却仍然是数学花园中一丛引人注目的花草。它开阔了人们的眼界，体现了数学方法与技巧的丰富多彩。

另外，一个只上过高中的22岁的青年如此彻底地解答了知名数学家提出的难题，写下了规尺作图史上新的极为有趣的篇章，也可以算是一段佳话吧。

第十九章　数学推理的常用方法

有人问一位艺术家是怎么雕刻出栩栩如生的人像来的，艺术家回答说："拿一块石头来，把多余的部分砍掉就是了。"这就是说，"法无定法"。数学推理也是如此，很难说用什么方法便能解决什么数学问题。但是，艺术家的创造虽无固定模式，他所用的工具却可以一一列举。每种工具也有一定的基本用法。解决数学问题虽无固定模式，但数学推理常用的方法却大体上可列出那么几条。不过，使用起来，也就像雕刻家手中的刀凿斧锯，"运用之妙，在乎一心"了。

构造法——百闻不如一见

把事实摆出来，是说服人的有效方法。我说二次方程 $x^2+px+q=0$，当 $p^2>4q$ 时有两个不同的实根，也许你不信。好，我把这两个实根具体写出来：$x_1=\frac{1}{2}(-p+\sqrt{p^2-4q})$，$x_2=\frac{1}{2}(-p-\sqrt{p^2-4q})$，代入一算，果然是根，你还能不信吗？

最早的数学活动，是解决生产和生活实际中的计算问题。这要求给出具体的答案和切实可行的方法。这样看，构造法是人类最早掌握的数学方法。

写出公式是构造法。没有公式，摆出计算方法也是构造法。求两个正整数的最大公因数，并没有公式，但是有“辗转相除法”——也叫做欧几里得算法。你早已学过的四则运算的“竖式”，其实也是算法。现在，大家广泛使用电子计算机，用电子计算机解数学题，也要有具体的程序——也就是算法。所以，构造法在数学中的地位，不仅古老，而且也会更加重要。

构造法不限于推导公式或给出算法。它在数学中的作用是多种多样的。下面举几个简单的例子：

例1 求证，在任意两个有理数 a 与 b 之间一定还有有理数。

解 取 $c=\frac{1}{2}(a+b)$，则 c 就是 a 与 b 之间的一个有理数。

例2 有没有2000个连续自然数，它们都是合数?

解 有。如 $2000!+2$，$2000!+3$，$2000!+4$，…，$2000!+2001$ 这2000个数便是，它们顺次有约数2，3，4，…，2001。

例3 已知 $\frac{\pi}{2}>x_1>x_2>0$，求证：

$$\frac{\tan x_1}{x_1}>\frac{\tan x_2}{x_2}。$$

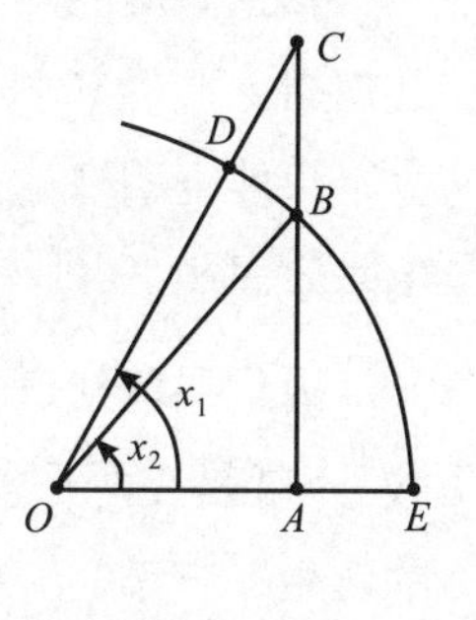

图19－1

解 如图19－1，作直角三角形 OAC，使 $\angle A=90°$，$\angle COA=x_1$，在 AC 上取 B 点使 $\angle BOA=x_2$。过 B 作以 O 为心的圆弧分别与 OC、OA 交于 D、E，则

$$\frac{\tan x_1}{\tan x_2}=\frac{\triangle OAC}{\triangle OAB}=1+\frac{\triangle OBC}{\triangle OAB}>1+\frac{\text{扇形 }OBD\text{ 面积}}{\text{扇形 }OEB\text{ 面积}}$$

$$=1+\frac{x_1-x_2}{x_2}=\frac{x_1}{x_2}。$$

证毕。

这种证题方法，叫做“构造模型”的证法。这样用一个具体的图形或实例来证明某个较抽象的等式或不等式的手法，在数学推理中是经常使用的。古老的勾股定理的众多证法中，大都用的是构造模型的方法。

但是，在数学推理中只用构造法是不够的，必须配合别的方法，如反证法。

反证法——以子之矛，陷子之盾

相互矛盾的两个判断，如果一个错了，另一个一定是对的，这在逻辑上叫做“排中律”。根据这个道理，要证明一条数学命题成立，只要证明“这条命题不成立”是错的就可以了。这就是反证法的基本思想。

人们早就知道，反证法是一种有力的推理方法。“$\sqrt{2}$不是有理数”，就是在两千多年前用反证法证出来的（参看第二章“无理数的诞生”一节）。另一个古老的应用反证法证题的例子是欧几里得证明“素数无穷”的方法：如果有一个最大的素数p，则$p!+1$不可能被2，3，4，…，p中的任一个整除，因而$p!+1$是比p更大的素数，这推出了矛盾，所以没有最大的素数，即素数无穷！

用反证法证题，一般有三步：第一步是“反设”——即假设要证的命题不真；第二步是“归谬”——即从反设出发进行推理，直到推出矛盾；第三步是“结论”——这最简单，即由刚才推出的矛盾断定“反设”是错的，宣布命题得证。

数学家们研究了这么个问题：“不用反证法行不行?”结果证明：如果不用反证法，有些定理是证明不出来的。反过来，凡是能用其他方法证明的命题，一定可以用反证法证明。因此，当你感到一个题目不好直接从公理、定义或题设条件推证时，别忘了用反证法试试。

特别是，当命题中有“否定判断”的词句时——例如出现了“没有什么”，“不是什么”，“不能如何”等用语——往往要用反证法才能奏效。

例1 求证：对任何正整数 $n \geqslant 2$，$\frac{1}{2}+\frac{1}{3}+\cdots+\frac{1}{n}$ 都不是整数。

解 用反证法。设

$$\frac{1}{2}+\frac{1}{3}+\cdots+\frac{1}{n}=k \qquad (*)$$

是整数。设 $2^l \leqslant n < 2^{l+1}$，则在2，3，…，$n$ 中，只有一个数（即 2^l）能被 2^l 整除。用2，3，…，n 的最小公倍数 m 乘（$*$）式两端，则因 m 能被 2^l 整除而不能被 2^{l+1} 整除，故左端得奇数而右端得偶数。推出矛盾。这证明了 k 不是整数。证毕。

有些命题，虽然不出现“否定”式的词语，但是也可能宜于用反证法。如：

例2 若 $\triangle ABC$ 的两条分角线 BD 与 CE 长度相等，求证：必有

$AB=AC$。

解 用反证法。如图 19－2，若 $AB\neq AC$，不妨设 $AB>AC$，于是 $\angle C>\angle B$，从而 $\angle DCE>\angle DBE$。这就可以在 MD 上取点 P 使 $\angle PCE=\angle DBE$，于是 B、E、P、C 四点共圆。因为 $\angle PCB=\angle PCE+\angle BCE>\angle DBE+\angle DBC=\angle EBC$，故 $PB>CE$，这推出 $BD>CE$，矛盾。这证明了 $AB=AC$。

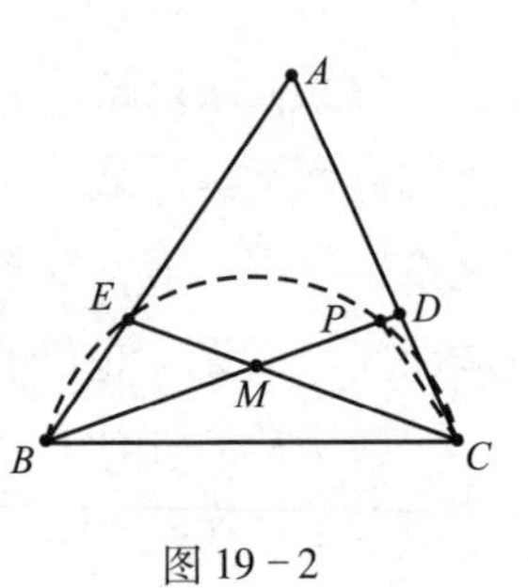

图 19－2

数学归纳法——顺藤摸瓜，由近及远

长长的一列士兵走在路上。将军把一句口令告诉最前面的士兵，这个士兵开始把口令往后传。如果每个士兵听到口令之后都往后传，这口令自然会传遍全军。

类似地，如果有一连串句子，按顺序一个一个排好了，也会产生这种多米诺骨牌现象：如果第一句是正确的，又知道如果某一句是正确的，则下面那一句也对，那么，这里每一句话都不会错。

数学里的命题，无非是一句话。这句话非真即假，不能是疑问句与惊叹句。如果命题和一自然数 n 有关，n 取 1，2，3，…便有了一连串命题。数学归纳法告诉我们：对于一个与自然数 n 有关的命题 $P(n)$，如果：

（1）$P(1)$ 成立；

（2）如果 $P(k)$ 成立，则 $P(k+1)$ 也成立；那么，对一切 n 都有 $P(n)$ 成立。

这两个步骤，(1) 叫做归纳起点，(2) 叫做归纳推断。

数学归纳法应用范围极为宽广，使用时有很大灵活性。其技巧在于如何选取命题中的变数 n，以及如何完成其第二步“归纳推断”。下面几个例子分别说明运用数学归纳法的技巧。

例1 (增多起点)求证：任意 n 个正方形都可以剖开成有限块，再拼成一个正方形。

解 对 n 作数学归纳。$n=1$ 时命题当然成立。为了后面的归纳推断，还要考虑 $n=2$ 的情形。根据我们熟悉的勾股定理的剖分证法，容易把两个正方形切开再拼成一个（如图 19－3）。

设 $n=k$ 时命题成立，k 个正方形就可以切开再拼成一个。再加一个正方形时，就可以用“两个拼成一个”的办法来拼。于是 $n=k+1$ 时命题也成立了。根据数学归纳法，命题得证。

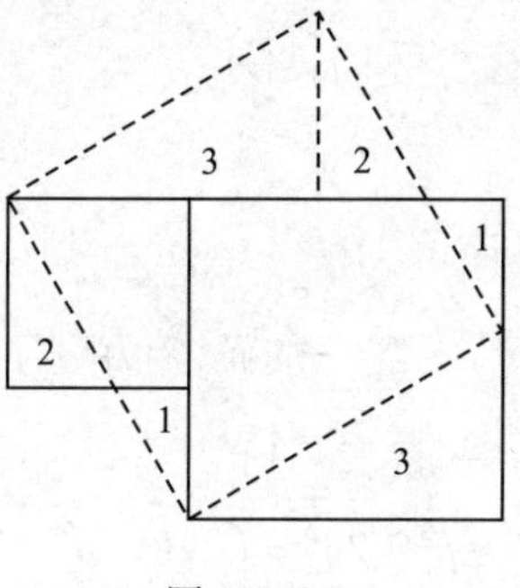

图 19－3

数学归纳法中本来只要求验证 $n=1$ 的情形作为起点，这个例子把 $n=2$ 也证明了，这是为了下一步“归纳推断”的需要。

例2 (改变假设)求证：当 $n>5$ 时，一个正方形一定能切开为 n 个正方形。

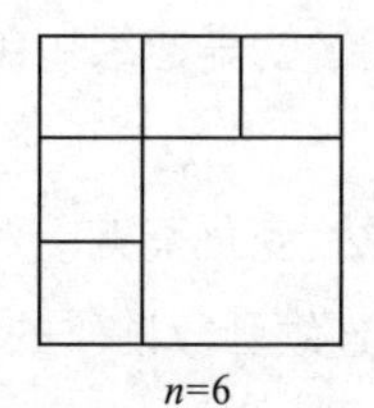
$n=6$

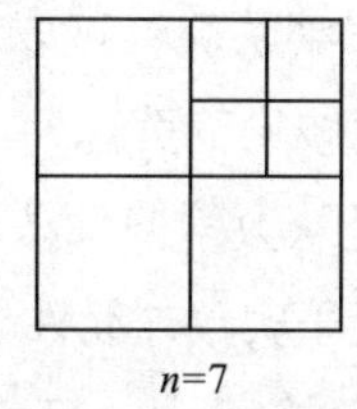
$n=7$

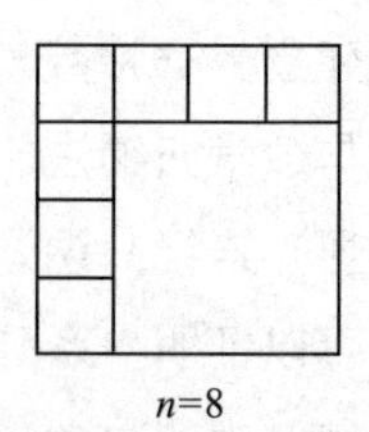
$n=8$

解 把一个正方形分成 6 个、7 个、8 个是好办的。

设命题对一切 $6\leqslant n\leqslant k$ 成立。不妨设 $k>8$，于是一个正方形可以分成 $k-2$ 个正方形。其中一个又可分成 4 个，于是 $k-2$ 个变成了 $k+1$ 个。从而命题对一切 $6\leqslant n\leqslant k+1$ 成立。证毕。

这里，在归纳前提上作了变化，不是由“$n=k$”推出“$n=k+1$”，而是由“$n\leqslant k$”推出“$n\leqslant k+1$”。这有利于问题的解决。

例 3 （以退为进）求证：对任何自然数 n，都存在自然数 m，使 $(\sqrt{2}-1)^n=\sqrt{m+1}-\sqrt{m}$。

解 退一步，主动加强命题，证明“对任何自然数 n，都有自然数 p 和 q，使

$$(\sqrt{2}-1)^n=|p-\sqrt{2}q|,$$

而

$$p^2-2q^2=(-1)^n。”$$

这一加强，倒好证了。$n=1$ 时显然。从 $(\sqrt{2}-1)^k=|p-\sqrt{2}q|$ 马上得出 $(\sqrt{2}-1)^{k+1}=|(p+2q)-(p+q)\sqrt{2}|$。而 $(p+2q)^2-2(p+q)^2=-p^2+2q^2=(-1)(p^2-2q^2)=(-1)^{k+1}$。归纳推断就完成了。

如果拘泥于原命题 $(\sqrt{2}-1)^n=\sqrt{m+1}-\sqrt{m}$，似乎没有这么容易了，因为从“$m$”看不出什么规律。

在数学归纳法中，n 只能是自然数。能不能用连续变化的实数 x 来代替 n 建立另一种数学归纳法呢？可以，这就是连续归纳法（连续归纳法与数学归纳法的比较见下页）。

很明显，连续归纳法是从数学归纳法脱胎变化而来。利用连续归纳法，可以证明一系列关于实数连续性与连续函数性质的定理。

把连续归纳法与数学归纳法对比一下：

数学归纳法

设 $P(n)$ 是与自然数 n 有关的命题。如果

(1) 有自然数 n_0，使当 $n < n_0$ 时 $P(n)$ 成立。

(2) 若对任意 $n<k$ 有 $P(n)$ 成立，则有 $m>k$ 使对一切 $n<m$，也有 $P(n)$ 成立，则对一切自然数 n，命题 $P(n)$ 成立。

连续归纳法

设 $P(x)$ 是与实数 x 有关的命题。如果

(1) 有实数 x_0，使当 $x<x_0$ 时 $P(x)$ 成立。

(2) 若对任意 $x<y$ 有 $P(x)$ 成立，则有 $z>y$，使对任意的 $x<z$，$P(x)$ 成立，则对一切实数 x，命题 $P(x)$ 成立。

枚举法——尽掘七十二疑冢

枚举，就是把要讨论的问题分成若干个具体情形，一一考查，各个击破。我们当然不希望用这种办法做题，但有时没有别的更好的办法，也只有用枚举法了。

例如，要问 137 是不是素数，只要检查一下，比 $\sqrt{137}$ 小的素数是不是 137 的因数？小于 $\sqrt{137}$ 的素数有 2、3、5、7、11 这五个。逐个验算，都不是 137 的因数，所以 137 是素数。

下面一个有趣的问题，也是用枚举法解决的。

在一张纸条上写下两个自然数 x 与 y 之和，交给数学家甲。另一纸条上则写下这两个自然数的积，交给另一个城市的数学家乙。两人都被告知，x、y 都是大于 1 而且不超过 40 的整数。

甲乙两位数学家在电话中讨论。甲说："我断定，你不可能知道我手中是什么数。"乙回答说："是的，我不能肯定你的数是什么。"

过了一会儿，甲说:“可是，现在我知道你的数了!”乙回答说:“那我也知道你的数了!”

现在请问，x、y 各等于多少？他们两人又是如何知道对方手中的数字呢？

从反面想，如果乙手中的数是两个素数之积(如 $6=2\times3$，$9=3\times3$，$15=3\times5$)，乙马上可猜出甲手中是这两个素数之和。甲能断定乙不知道他手中的数，可见甲手中的数不能写成两个素数之和。因此我们便知道（乙也知道）甲手中的数不外是：11、17、23、27、29、35、37，七种可能。让我们一一分析各种情形：

如果甲手中是 37，因 $37=2+35=3+34=\cdots$，故乙手中有可能是 $2\times35=70$，$3\times34=102$，等等。如乙手中是 $70=7\times10$，乙有可能猜想甲手中为 17。如乙手中是 $102=6\times17$，则有可能猜甲手中为 23。总之，两种情形之下乙都可能猜错。故甲从乙的“不能肯定”无法确定乙手中是 70，还是 102，或别的。然而甲知道了，故甲手中不是 37。

同理，若甲手中为 35，$35=33+2=13+22=\cdots$，乙手中可能有 $33\times2=66$，$13\times22=286$……若为 $66=6\times11$，乙可能猜甲为 17，若为 $286=26\times11$，乙可能猜 37。两种情形都会猜错。甲无法知道乙是 66 还是 286。故甲手中不是 35。

同理，$29=24+5=20+9=\cdots$，乙手中可能是 $24\times5=120$，$20\times9=180$，…而 $120=8\times15$，$180=12\times15$，乙可能错认为甲是 23 或 27。故甲手中不是 29。

同理，$27=24+3=12+15=\cdots$，再由 $24\times3=72=8\times9$，而 $8+9=17$，$12\times15=180=20\times9$，而 $20+9=29$，故甲非 27。

同理，$23=20+3=15+8$。再由 $3\times 20=60=5\times 12$，而 $5+12=17$；$15\times 8=120=24\times 5$，而 $24+5=29$。得甲非 23。

同理，$17=15+2=14+3$，再由 $15\times 2=30=5\times 6$，而 $5+6=11$；$14\times 3=42=2\times 21$，而 $2+21=23$。故甲非 17。

剩下一种可能：甲手中是 11。由于

$$11=2+9=3+8=4+7=5+6,$$

故甲可以判断乙手中不外是 $2\times 9=18$，$3\times 8=24$，$4\times 7=28$，$5\times 6=30$ 四种情形。

若乙手中为 18，$18=2\times 9=3\times 6$，故乙只能猜甲为 $2+9=11$ 或 $3+6=9$，而 9 是不可能的，于是乙能肯定甲为 11。但乙说他不能肯定，故乙非 18。

同理，若乙为 $24=3\times 8=4\times 6=2\times 12$，乙可猜甲为 11、10、14，而 10 与 14 不可能，乙知甲为 11。这不可能，故乙非 24。

同理，由 $28=4\times 7=2\times 14$，而甲不可能是 $14+2=16$，乙知甲 11。这不可能，故乙非 28。

最后，若乙手中是 $30=5\times 6=2\times 15=3\times 10$，乙可能猜甲手中 11 或 17（13 不可能），这两个可能性都存在。因而乙不能肯定甲手中是什么。这时，甲在乙表示“不能肯定”时断言乙手中是 30。

甲能断定乙手中是什么之后，乙也知道了甲手中只能是 11。

这个题目解起来，淋漓尽致地使用了枚举法。

相似法——按图索骥，了如指掌

旅游者需要地图。要观赏的是亭台山水，不是地图。但是，从地图上能更清楚地了解亭台山水之间的相对位置。从地图上获得了这些信息用以指导实际的活动，方便多了。

图书馆里的目录卡片，作战指挥部里的沙盘，医学院课堂上的人体模型，有类似的作用。

数学家也学会了这种办法。

谁都知道，乘、除比加、减麻烦，开方更比乘除麻烦。利用对数，把真数之间的乘、除、乘方、开方，变成对数之间的加、减、乘、除，在对数之间的运算得出答案后，再变成真数，解决了原来提出的问题。

这就叫做相似法。相似法也叫“关系——映射——反演法”，人们把它简单地称作 RMI 原则。［R——Relationship（关系）；M——Mapping（映射）；I——Inversion（反演）］。说得清楚一点，是这样的：

数学里要解决的问题，总包含有已知物与未知物。已知物与未知物之间有一定的关系。凭这关系，才能从已知物找到未知物。有时，直接找未知物不好找，就请 RMI 原则帮忙。用映射法——好比是照镜子，把已知物与未知物对应于“镜中”的已知像与未知像。如果像与像之间的关系比较好掌握，就可以找出未知像。再反演回去，从未知像找到未知物，解决了最初提出的问题。

拿对数的用法而言，原来的问题是求$\sqrt[5]{2}=$？设$x=\sqrt[5]{2}$，则已知物为 5 和 2，未知物是x。它们之间的关系是$x^5=2$。凭这个关系找x可不容易。来一个映射——取对数。$\lg x$ 和 $\lg 2$ 就是 x 和 2 的镜中像。这样一来，像与像之间的关系变得简单多了：$5\lg x=\lg 2$。凭这一关系可以找到未知像 $\lg x=\frac{1}{5}\lg 2=\frac{1}{5}\times 0.3010=0.0602$，最后用反演的办法，循镜中像找原物，找出0.0602对应的真数是1.149，即$x=\sqrt[5]{2}\approx 1.149$。这就解决了原来的问题。

一般模式可图示如下：

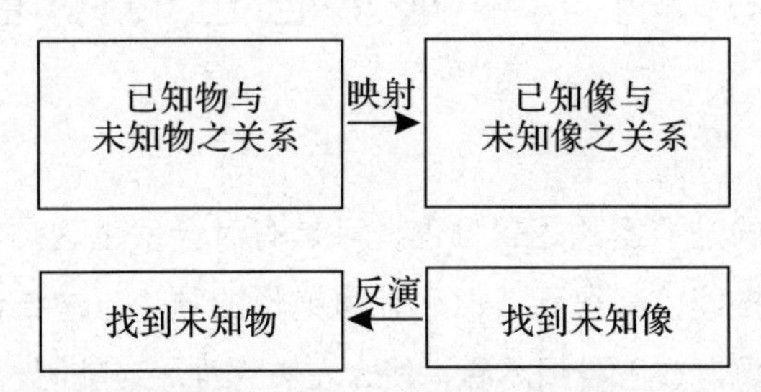

成功地运用RMI原则的另一个重要例子是用坐标法解几何问题。例如："已知两个长轴互相垂直的椭圆交于A、B、C、D四点，求证这四点共圆。"这个题目用综合法很不好下手。如用坐标法，两个椭圆的映像就是两个方程

$$\begin{cases} ax^2+by^2=R, & (1)\\ cx^2+dy^2=S。 & (2)\end{cases}$$

这里a、b、c、d、R、S都是正的。若P是椭圆的交点，则P的坐标(x_0, y_0)满足（1）和（2），适当取参数λ和μ，使

$$\lambda a+\mu c=\lambda b+\mu d\neq 0。\qquad (3)$$

则

$$\lambda(ax^2+by^2)+\mu(cx^2+dy^2)=\lambda R+\mu S \qquad (4)$$

代表一个圆。显然P的坐标(x_0, y_0)满足（4），即P在此圆上。同理，A、B、C、D都在这个圆上。

第二十章　形形色色的悖论

数学靠的是严密的逻辑推理，可是有时会发生这种怪事：振振有词的一通推理，却得到了似乎荒谬绝伦的结论。这结论或者有悖于大家的常识，或者自相矛盾，使人左右为难。这就叫“悖论”。有了悖论，人们就会问：“逻辑的推理的方法可靠吗？怎样运用逻辑推理的方法才不会出毛病?”通过对悖论的分析研究，找出悖论的症结所在，使悖论不悖，这叫做消除悖论。对悖论的研究，有助于数学的发展。有重大影响的悖论的出现与消除，往往标志着数学科学水平的划时代的进展。

毕达哥拉斯悖论

古希腊数学家毕达哥拉斯认为，数只有正整数和分数。但是根据勾股定理（古希腊称为毕达哥拉斯定理），正方形对角线长与边长之比却既不是整数又不是分数。这个发现当时被称为悖论。后来大家认识到无理数也是数，并且建立了严密的实数理论，这个悖论就被消除了。

这个悖论的出现被称为“第一次数学危机”。它从出现到彻底消除经过了近2000年。它的消除标志着实数概念在数学家心目中已经十分明确了。

芝 诺 悖 论

古希腊哲学家芝诺设计过许多悖论，其中流传最广的是“勇士追不上乌龟”（参看第十五章“无穷小之谜”一节）和“飞矢不动”（参看第十六章“飞矢不动与瞬时速度”一节）。

这两个悖论里都有定义不清的逻辑错误。前者没有说清什么叫“追不上”，后者没有说清什么叫“不动”。另外，也都涉及无穷小概念及极限概念。随着实数理论、极限理论和微积分学的建立，这些悖论便被清除了。

古希腊时之所以认为这是悖论，是因为人们认为有限的线段上只能有有限个点，很难想象运动物体在有限时间内通过无穷多点。

伽利略悖论

“完全平方数是自然数的一小部分，然而它们和自然数一样多”（参看第十二章“伽利略的难题与康托尔的回答”一节）。

公孙龙悖论

“要的是马，则黑马、黄马都可以。若要白马，黑马、黄马就不行了。可见白马不是马”（参看第十章“‘白马非马’与‘不能吃水果’”一节）。

先有鸡还是先有蛋

这是一个广泛流传于世界的趣题。

如果认为地球上的生物从来像今天这样，那当然无所谓最早的鸡，也无所谓最早的蛋，就像没有最小的负整数一样。可是更为可信的是，最早的地球上没有生物，没有鸡也没有蛋。鸡是后来才有的。这么看，“鸡与蛋哪个在先”是个有意义的问题了。

这里说的蛋，当然是鸡蛋。鸡蛋与鸡的关系，通常是不言自明：鸡生蛋，蛋生鸡！不过，涉及最早的鸡与蛋时，不能含糊，而要严格化。要定义清楚：什么叫鸡蛋?

一种定义方法是：鸡生的蛋才叫鸡蛋。按这个定义方法，一定是先有鸡。最早的鸡当然也是从蛋里孵出来的。但是按定义，它不叫做鸡蛋。

另一种定义方法是：能孵出鸡的蛋就叫鸡蛋，不管它是谁生的。这么说，一定是先有蛋了。最早的蛋里孵出了最早的鸡，而最早的蛋不是鸡生的。

不管如何定义，都不影响生物进化发展的历史事实。至于如何选择定义，则有待于生物学家的讨论。

我们看到，许多著名的悖论的消除有赖于定义的明确。通过分析悖论，人们的概念越来越清楚了，对逻辑推理的要求越来越严格了。

贝克莱悖论

由牛顿和莱布尼兹在17世纪创立的微积分方法，被18世纪的数学家们广泛用来解决物理学、力学、光学以及各种各样的技术科学中的问题。但是，这种新方法一方面以其辉煌的成果吸引着人们，另一方面又因其脆弱的理论基础招致了不满与攻击。微积分学的基本概念是微商$\frac{dy}{dx}$，它被定义为两个无穷小量dy与dx之比。如果y代表路程，x代表时间，Δy就表示在一段时间Δx内走的路程。$\frac{\Delta y}{\Delta x}$当然就是这段时间内的平均速度。当$\Delta x$变成无穷小量$dx$时，$\Delta y$就成了无穷小量$dy$。这时微商$\left(\frac{dy}{dx}\right)$就表示瞬时速度，这是当时数学家们对微商的运动学意义的解释。英国一位主教贝克莱激烈地攻击这种新方法。他发表了《分析学者——致一个不信神的数学家》这篇长文，尖锐提出“$\frac{dy}{dx}$是什么?”这个切中要害的问题。贝克莱提出，若dy、dx不是0，那么就得不到真正的瞬时速度——微商，如果可以变成0，$\frac{dy}{dx}$就是$\frac{0}{0}$，失去了意义，成了“消失了的量的鬼魂”！他质问数学家，既然相信这些量的鬼魂，又有什么理由不相信灵魂与上帝呢?

18世纪，整整100年。数学家消除贝克莱悖论的努力都未能成功。这在数学史上被称为“第二次数学危机”。

19世纪初，柯西、魏尔斯特拉斯等一批数学家致力于微积分理论的严格化，把$\frac{dy}{dx}$定义为两个变量之比的极限，这才彻底消除了贝克莱悖论。

秃头悖论

一个人有了10万根头发，当然不能算秃头，不是秃头的人，掉了一根头发，仍然不是秃头，按照这个道理，让一个不是秃头的人一根一根地减少头发，就得出一条结论：没有一根头发的光头也不是秃头！

类似的悖论还不少。例如：一根鸡毛可以压倒大力士；胖子体重再减一克就不再是胖子；等等。

这种悖论出现的原因是：我们在严格的逻辑推理中使用了模糊不清的概念。什么叫秃头，这是一个模糊概念。一根头发也没有，当然是秃头。多一根呢？还是秃头吧。这样一根一根增加，增加到哪一根就不是秃头了呢？很难说。谁也没有一个明确的标准！

如果硬要订一个明确的标准，比如说，有1000根头发的是秃头，有1001根头发的就不是秃头了，这就不符合大家的实际看法。

比较现实的办法是引入模糊概念。具体地说，用打分的办法来评价秃的程度。全光头是百分之百的秃，打1分（1 = 100%），有100根头发，打0.7分，200根0.6分，等等，随头发的增加，秃的分数逐渐减少，这样就可以消除秃头悖论了。

当然，如何具体打分，是个问题。这可以协商，或者由医生制定，或者用其他办法。不过，这已经不是逻辑问题，不是数学问题了。

说谎者悖论

这是一个古老的悖论。一个人说："我现在说的这句话是谎话。"这句话究竟是不是谎话呢？

如果说它是谎话，就应当否定它。也就是说，这句话不是谎话，是真话。

说它是真的，也就肯定了这句话确实是谎话。

这句话既不是真的，也不是假的。这真令人左右为难！

有人说，如果不许一句话谈论本身，就可以消除这类悖论。但是它马上会改头换面，以另一形式出现：

一张卡片，正面写着"反面写的那句话是真的"，而反面却写着"正面那句话是假的"。

究竟正面那句话是真是假？

还可以变成一连串句子：第一句说第二句假，第二句说第三句假，第三句说第四句假……每一句都说下一句是假的。最后，第七句说："第一句是假的！"第一句是真是假？

如果第一句真，则第三、五、七句真，于是第一句假。如果第一句假，则第三、五、七句假，于是第一句真！

这就像7个孩子手拉手站成一圈，绝不可能让男孩两边都是女孩，女孩两边都是男孩！当然，"7"可以换成9，11，…任何奇数。

这种悖论，叫做"语义学悖论"。

波兰数学家塔斯基（A. Tavski）提出用语言分级的办法来消除语义学悖论。办法是：

最基本的语句是实际语句。它只谈论实际的事物，如“雪是白的”，“狗是哺乳动物”……而不涉及句子的真假。比它高一级的句子是1级抽象语句，它包括了实际语句，并且可以谈论实际语句的真假。例如“雪是白的”这句话是对的，就属于1级抽象。往上，有2级、3级…… n 级抽象语句。n 级抽象语言包括了 $n-1$ 级语言，而且可以谈论 $n-1$ 级语言的真假。这样，就可以消除循环判断所产生的悖论。

最近，我国数学家文兰院士提出并论证了说谎者悖论不过是布尔代数里的一个矛盾方程。代数里有矛盾方程不是什么怪事，所以这悖论也就不值得大力去讨论了。

理发师悖论

某村上的理发师声称，他只给那些不给自己刮胡子的村上人刮胡子。那么，理发师给不给自己刮胡子呢？如果他给自己刮，按规定他不应当给自己刮；如果他不给自己刮，按规定他又应当给自己刮！

和这个悖论类似的悖论真不少。图书目录悖论便是一个例子。图书目录也是一本图书，所以它可以把自己列入自己的目录之内。但它也可以不把自己列入。把所有不列入自己目录的编成一本目录，这本目录该不该把自己列入呢？

理发师悖论是1901年由罗素(B. A. W. Russell,1872～1970)提出

的集合学悖论的通俗化翻版。罗素悖论是一个相当深刻的难题，它在当时的数学界掀起一场风波，被称为“第三次数学危机”。

讲罗素悖论，要从集合论里的“概括原则”谈起。如果一个集合里只有不多几个元素，比如说你们班美术小组的成员组成的集合，只要开个名单就可以确定这个集合。要是集合里元素很多，甚至多到无穷，就不便开名单，甚至没法开名单了。这时可以指出集合中元素的特征，例如:“所有中国人组成的集合”,“所有偶自然数组成的集合”，等等。一般地说，P 表示某一性质，所有具有性质 P 的事物总可以构成一个集合。这就叫做概括原则。

大家承认了概括原则，罗素偏偏就利用它来构造悖论。罗素把所有集合分成两类：以自身为自己的一个元素的集合，叫非正常集。不以自身为元素的集合，叫做正常集。一切正常集组成的集合 B，它到底是正常的呢，还是非正常的呢?

如果 B 是正常的，按 B 的定义，B 应当是 B 的元素。这么一来，B 是非正常的。

如果 B 是非正常的，按定义，B 不应当是 B 的元素。这么一来，B 又是正常的了!

集合论是数学大厦的基础。不消除罗素悖论，数学家自然是不甘心的。

罗素本人提出了把集合分层的办法来消除这个悖论，正如塔斯基把语言分级一样，先给定基本集合。第一层集合包括基本集合，以及以基本集合为元素的集合。第 n 层集合包括第 $n-1$ 层集合，以及以第 $n-1$ 层集合为元素的集。这样，就不会发生“集合是否以自身为元素”的问题。

罗素的分层方法太繁琐，数学家们不欢迎。后来，大家想出建立集合论公理的办法，用公理限制那些莫名其妙的集合的出现，这才消除了罗素悖论，战胜了“第三次数学危机”。

但是，能不能保证在已建立的公理系统中永远不产生新的悖论呢？这叫做数学公理系统的协调性问题。哥德尔在1931年证明了一个使人失望的定理：包含了自然数的数学公理系统，如果是协调的话，其协调性是无法在系统之内证明的！这表明，数学的真理性，归根到底要靠人类的广泛社会实践来证明。

预言家悖论

算命先生王铁口说他能预知未来。小王在一张纸上写了一件事，请他猜猜这件事会不会发生。会发生，就请王铁口在卡片上写个“是”字，否则写个“否”字。

王铁口事先写了两张卡片：一个“是”字，一个“否”字。他准备见机行事，偷梁换柱。

但小王把纸打开之后，预言家却无所适从了。小王在纸上写的是：“王铁口在卡片上写的是‘否’字”。

如果王铁口拿出写“否”的卡片，“这件事”发生了，而王铁口没猜对。拿出写“是”的卡片，“这件事”就没发生，又猜错了。

你仔细想想，便知道这一悖论是说谎者悖论的翻版。

理查德悖论

用汉字可以定义自然数。例如:“最小的素数”定义了“2”，“三的四次方”定义了“81”。能够用少于100个汉字定义的自然数当然只有有限个，因为汉字数目是有限的。所以，一定有一个“最小的不能用少于100个的汉字定义的自然数”。不过这样一来，这个自然数已被我们用20个汉字定义出来了。如何解释这个矛盾呢?

问题在于，什么叫做“用少于100个汉字可以定义”，这句话是含糊不清的。在这句话里，用到了“可定义的”这个概念。但是，“可定义的”这个概念本身是无法在我们的数学系统中严格加以定义的!

消除理查德悖论的办法，有人主张也用分级抽象语言的方案，像消除说谎者悖论一样。

但是，大家又都觉得分级语言太麻烦了。在写文章、讲话的时候，谁肯不断地说明自己此时用的是哪一级的语言呢?

意外的考试

马老师宣布本星期内他将进行一次考试。他说，考试的日子将使大家感到意外!

学生们纷纷猜测:考试将在哪一天进行呢?

大家一致认为，不会在星期五考试。因为，如果到了星期四还没考试，大家就可以肯定马老师将在星期五考试，那就不是意外的考试了——马老师说话是算数的。

既然不会在星期五考试，那也不会在星期四考试了。因为排除星期五之后，星期四是最后一天。如果星期一到星期三不考，星期五又不会考，那只有星期四考了。既然学生们可以如此推理，星期四考试也不是意外的考试!

于是这样推论下去，星期三考试也非意外，所以也不会在星期三考。同样道理，也不会在星期二、星期一考试。学生们于是非常高兴，马老师这星期里不会考试了!

正当学生们认为不会考试的时候，马老师却在星期二考试了。不过，这的确是出乎意料的考试。

事实上，不论在这五天里哪一天考试，都出乎学生们的意料。即使在星期五考试，也出乎学生意料，因为学生们认为这一天不会考了。

这是一个尚在争议的悖论。一般看法认为，“意外的考试”是个模糊不清的概念，问题就出在这里。

第二十一章　概率与统计

你知道明天早上太阳将从东方升起，这是必然发生的事。但世界上有更多的事在我们看来是带有偶然性的。从一副扑克牌中任抽一张，是红是黑，无法预知，这就是偶然的。但在大量的偶然事件中，却也存在着规律性，例如：反复多次抽取扑克牌，会发现抽到红牌或黑牌的次数大体上各占一半，这就是规律。偶然事件也叫随机事件，研究随机事件发生的宏观数量规律，要靠“概率论”这门数学。用概率论的观点去了解自然现象与社会现象，所用的方法叫数理统计的方法。

概率与统计

在我们生活中，每天都会有不能预先确定的事情发生。学生不能肯定明天考试时会碰到什么题目，球迷无法预知下一场比赛鹿死谁手，炮手不知一发炮弹打出去能否命中目标，旅游者担心所乘坐的客机是否能安全降落。面临这些不确定的事件，我们应如何决策？这就需要研究大量发生的似乎是偶然的事件的一般规律。概率论这门数学，就是研究大量偶然事件发生的宏观数量规律的学问。用概率论的观点与方法来了解自然现象与社会现象，叫做数理统计。

抛掷硬币的游戏——如何寻找概率

抛掷一枚硬币，看它落地后是正面朝上还是反面朝上，用以占卜，或决定一件事，或赌输赢，很早就有人这么做了。

大家都相信，用均匀的硬币来赌正反面，是公平的游戏。因为出正面与出反面机会均等，各占一半，用数学语言来说，就叫做“出正面的概率是$\frac{1}{2}$，出反面的概率也是$\frac{1}{2}$”。事实上果然不错：当人们多次抛掷时，出正面的次数与总投掷次数之比，往往很接近$\frac{1}{2}$。

如果连投3次，至少出现两次正面的概率是多少呢？分析这种问题不要怕麻烦。连投3次，可能有8种情形：

正正正　　正正反　　正反正　　正反反
反反反　　反反正　　反正反　　反正正

这8种情形机会均等，每种情形出现的概率都是$\frac{1}{8}$，其中有4种情形至少出现两次正面，所以，3次中出现两次正面的概率是$\frac{1}{2}$。

这种情形，叫做8个“基本事件”，而“至少出现两次正面”也是一个“事件”，它可以分解成一些基本事件。把一个“事件”分解成几个基本事件，把基本事件的概率加起来，便是这个事件的概率。这是寻找概率的基本方法。

这样，马上可以算出“3次相同”这个事件的概率是$2\times\frac{1}{8}=$

$\frac{1}{4}$；“恰有两次相同”的概率是$\frac{3}{4}$；“恰有两次正面”的概率是$\frac{3}{8}$；“连续出现两次反面”的概率也是$\frac{3}{8}$。

掷骰子比掷钱币情形复杂一些。骰子有 6 面，各面分别是 1 点到 6 点。均匀的骰子，每个面朝上的机会均等，概率都是$\frac{1}{6}$，如果只掷一次，基本事件就有 6 个。“出偶数点”这个事件由 3 个基本事件组成，概率为$\frac{1}{2}$，“点数大于 2”概率为$\frac{4}{6}=\frac{2}{3}$。

连掷两次骰子，基本事件就有 36 个，机会均等，概率各占$\frac{1}{36}$。“两次的点数之和大于 5”，这个事件包含了(1,6)(1,5)(2,4)(2,5)(2,6)(3,3)(3,4)(3,5)(3,6)(4,2)(4,3)(4,4)(4,5)(4,6)(5,1)(5,2)(5,3)(5,4)(5,5)(5,6)(6,1)(6,2)(6,3)(6,4)(6,5),(6,6),共 26 个基本事件，它发生的概率是$\frac{26}{36}$，即$\frac{13}{18}$。

用这种方法计算概率比较麻烦。对于更复杂的问题，概率论的研究提供了许多公式来计算概率。其中最基本的公式是加法公式：若 A 和 B 是不可能同时发生事件，则：

A 和 B 至少有一个发生的概率 $=A$ 的概率 $+B$ 的概率。

三张卡片的赌博

这里有三张卡片，一张两面都是红的，一张两面都是黑的，另一张一面是红的，一面是黑的。

甲和乙打赌。甲说：“请你在三张卡片中任取一张，把它放在桌子上。”乙抽了一张放在桌子上，朝上的一面是红的。

甲说：“这张卡片的另一面可能与这一面不同，也可能相同——仍是红的。我们打赌：我猜两面相同！”

乙想：“反正这张卡片已不可能是两面黑的了，它或者是两面红，或者是两面不同。相同与不同机会各占一半，这是公平的赌博！”

但是实际赌起来，乙发现自己输的次数多。

问题出在何处呢？只要老老实实计算一下“两面相同”这个事件的概率就明白了。

三张卡片中任抽一张，基本事件有三个：

（红、红）、（黑、黑）、（红、黑）。

这三个基本事件的概率都是$\frac{1}{3}$。而“两面相同”则包含了两个基本事件，它发生的概率是$\frac{2}{3}$。所以，甲赢的概率是$\frac{2}{3}$。乙上当了。

许多赌博游戏中，会令人产生对概率估计的错觉。设计骗局的人，正是利用这种错觉使对方上钩的！

新弹坑与旧弹坑——独立事件

一位老战士向新伙伴介绍经验：“当敌人向我们的阵地打炮的时候，你最好滚到新弹坑里藏身。因为短时间内不太可能有两发炮弹落到同一个地点！”

很多人都有类似的想法：新弹坑要安全一点，因为两发炮弹落到一点的可能性小；昨天有飞机失事，今天乘机要安全一些，因为连续两天都有飞机失事的可能性小；王大嫂生了三个孩子都是女儿，下一个很可能是男孩了；掷硬币一连出现五次正面，第六次总该出反面了吧！

这种想法的产生，是因为他们没有认识到独立事件的“独立”性。一发炮弹落在什么地方，和另一发炮弹之间没有关系，它们是相互独立的。昨天从香港飞往纽约的飞机是否失事，与今天从北京飞往上海的飞机是否安全，它们也彼此无关，是相互独立的事件。(这种独立性是一般的假设。因为大炮打出一发炮弹，其性能、位置会有变化，会对下一发的落点产生影响；一架飞机失事，会引起其他航空公司的注意，加强安全措施，消除隐患。）头胎生女生男与二胎生男生女，前几次掷硬币的结果与下一次出正面还是反面，都是彼此独立的。独立事件的概率彼此不受影响。即使你一连掷出了100次正面，再掷下一次硬币时，出正面的概率仍是$\frac{1}{2}$，只要硬币本身是均匀的。硬币没有记忆，它不会因为自己前几次出了正面而决心变个花样。

两个独立事件同时发生的概率，等于两个事件的概率之积。这条规律对我们计算概率很有帮助。连掷三次硬币都出正面，概率是多少？根据独立性，马上可以回答，其概率是$\frac{1}{2}\times\frac{1}{2}\times\frac{1}{2}=\frac{1}{8}$。因为掷一次出正面的概率是$\frac{1}{2}$。这就不用把“掷三次”的所有基本事件都写出来了。

一般而言，若A与B是相互独立的事件，则A与B同时发生的

概率 = A 的概率 × B 的概率。

"碰运气"的骗局——随机变量与数学期望

这是国外有些游乐场里的一种赌博游戏。一个笼子里装了三粒骰子。把笼子摇一摇，停下来，三粒骰子各现出一个点数。参加游戏的人每次花一元钱买票，并且认定一个点数。比如，他认准"2"。如果有一粒骰子出现"2"，他就从游戏主持人那里赢回 1 元钱。运气好一点，两粒骰子同时出现"2"，他赢回 2 元；三粒骰子都是"2"，赢回 3 元。同时，主持人还再退他 1 元票钱！

这似乎是公平的游戏。如果有六个参加者分别认定不同的六个点子，而骰子摇出"1"、"3"、"5"，那么主持人要向六人中的三人退还票钱，再各付 1 元。认定"2"、"4"、"6"的三人折赔票钱各 1 元。主持人收入 6 元，付出 6 元。而参加者三人赢，三人输，机会均等。

但是有时两粒骰子出现相同的点数，主持人就只退给两人票钱。于是他收入 6 元而支出 5 元。当三粒骰子点数一样时，主持人收入 6 元而支出 4 元。这么一算，多数参加者总是要赔钱！

有的参加者不这么想，他觉得自己还是有利可图的："比如我认定'2'，掷一个骰子时，我赢的机会是$\frac{1}{6}$。可是现在是三粒骰子，我赢的机会是$\frac{1}{6}$的 3 倍，即$\frac{3}{6}=\frac{1}{2}$，这是公平的！何况，我还可能一次赢回 2 元、3 元呢!”

怎样才能准确地算出参加者平均每次的赢得呢?

每玩一次游戏，参加者赢得的钱数 X 是不确定的量，叫做“随机变量”。这里，按游戏规则，随机变量 X 可能取 3、2、1 或 -1。

如果三粒骰子都出现了他所要的点数，则他净赢 3 元，即 $X=3$。这种情况在 216($216=6\times6\times6$) 个基本事件中只出现一次，故 $X=3$ 的概率是$\frac{1}{216}$。

在 216 个基本事件中，有 15 种情形恰有两粒骰子出现所要的点数。这时他净赢 2 元，即 $X=2$ 的概率为$\frac{15}{216}$。

类似地，$X=1$ 的概率为$\frac{75}{216}$。

最后，$X=-1$ 的概率为$\frac{125}{216}$。

如果所有情形都轮一遍，参加者的赢得为:

$3\times1+2\times15+1\times75+(-1)\times125=-17$,

即要输掉 17 元。平均每次输去 $+\frac{17}{216}$元。

这个值也可以用另一方法得到。把随机变数 X 取的值 3、2、1、-1 分别乘以取该值的概率再求和。

$$3\times\frac{1}{216}+2\times\frac{15}{216}+1\times\frac{75}{216}+(-1)\times\frac{125}{216}=\frac{-17}{216}。$$

这个和叫做随机变数 X 的“数学期望”。实际上，它也就是随机变数 X 的平均值。这是以概率为权系数的加权平均值。

类似的例子：一个商店经理决定进一批羽绒服供应冬季市场。若今年冬天有寒流来袭，货将畅销，可获利2万元；若无寒流，气温正常，可获利1万元；若为暖冬，则将亏损5000元。根据历年气温记录与气象预报，估计有寒流的概率为$\frac{1}{6}$，正常的概率为$\frac{3}{4}$，暖冬的概率为$\frac{1}{12}$。于是，获利的数学期望为：

$$2\times\frac{1}{6}+1\times\frac{3}{4}+(-0.5)\times\frac{1}{12}=\frac{25}{24}\approx1.04\text{（万元）。}$$

这表明，进一批羽绒服还是有赢利的希望的。

为什么答案不同——条件概率

王大伯有两个孩子。“两个孩子都是男孩”的概率是多少？

如果粗略地统计，生男、生女的概率各占一半。两个都是男孩的概率就是$\frac{1}{2}\times\frac{1}{2}=\frac{1}{4}$。

如果王大伯告诉你：“我的大孩子是男孩。”那么，“两个孩子都是男孩”的概率就不是$\frac{1}{4}$而是$\frac{1}{2}$了。因为，这时只要看老二是男是女——两种可能性各占一半。

如果王大伯说：“我至少有一个男孩。”答案又如何呢？也许令你奇怪：这时，“两个都是男孩”的概率就变成$\frac{1}{3}$。

要把问题彻底弄清楚，最切实的办法还是列出所有基本事件。

这并不多，只有4个：

男、男　　男、女　　女、男　　女、女

当我们对情形一无所知时，只能从这四个基本事件出发考虑：两个男孩的概率是$\frac{1}{4}$。

当我们知道大孩子是男孩时，基本事件中的“女、男”、“女、女”被排除了，只剩下两个，在这两个之中，都是男孩的概率是$\frac{1}{2}$。

当我们知道至少有一个男孩时，基本事件中只排除了“女、女”。这时，两个男孩的概率是$\frac{1}{3}$。

这样从头算起，在很多情形下是不必要的。“条件概率”的概念可以帮我们把问题变得简单一些。

在已知事件A发生的条件下，事件B发生的概率，就叫做“B在条件A之下的条件概率”。用$P(B|A)$记这个概率。

用下列公式来计算条件概率：

$$P(B|A)=\frac{P(AB)}{P(A)}。$$

这里$P(A)$记事件A的概率，“AB”表示事件A与B同时发生，$P(AB)$表示A、B同时发生的概率。

用这个公式，你容易验证刚才的计算结果：用B表示“两个都是男孩”，A_1表示“大的是男孩”，A_2表示“至少有一个男孩”，则：

$$P(A_1B)=P(A_2B)=P(B)=\frac{1}{4},$$

$$P(A_1)=\frac{1}{2},\ P(A_2)=\frac{3}{4}。$$

于是:

$$P(B|A_1)=\frac{P(A_1B)}{P(A_1)}=\frac{\frac{1}{4}}{\frac{1}{2}}=\frac{1}{2},$$

$$P(B|A_2)=\frac{P(A_2B)}{P(A_2)}=\frac{\frac{1}{4}}{\frac{3}{4}}=\frac{1}{3}。$$

再举一个较复杂的例子。把4张牌:黑桃A、红心A、梅花K和方块J发给甲乙二人,这时,甲有一个A的概率是$\frac{5}{6}$,甲有两个A的概率是$\frac{1}{6}$。如果已知甲有一个A,则甲有两个A的概率是$\frac{1}{5}$,如果确知甲有黑桃A,则甲有两个A的概率就是$\frac{1}{3}$了,这道理,可以从6个基本事件看出,甲手中的两张牌有下列6种可能:

(♠♥),	(♠♦),	(♠♣),	(♥♦),	(♥♣),	(♦♣)
A A	A J	A K	A J	A K	J K

分别用U、V、W记事件"甲有一个A","甲有两个A"和"甲有黑桃A",则$P(U)=\frac{5}{6}$,$P(V)=\frac{1}{6}$,$P(W)=\frac{1}{2}$,于是

在甲有一个 A 的条件下甲有两个 A 的概率是

$$P(V|U)=P(UV)/P(U)=\frac{\frac{1}{6}}{\frac{5}{6}}=\frac{1}{5}。$$

而在甲有黑桃 A 的条件下甲有两个 A 的概率是：

$$P(V|W)=P(VW)/P(W)=\frac{\frac{1}{6}}{\frac{1}{2}}=\frac{1}{3}。$$

关于弦长的概率怪论

在半径为 1 的⊙O 内任作一条弦 AB，事件“$AB>1$”的概率是多少？

解答之一：如图(1)，以 O 为心作一个半径为$\frac{\sqrt{3}}{2}$的圆 S。若 AB 的中点 M 落在圆 S 内，则 $AB>1$。但 S 的面积与⊙O 面积之比为$\frac{3}{4}$，故 $AB>1$ 的概率是$\frac{3}{4}$。

(1)

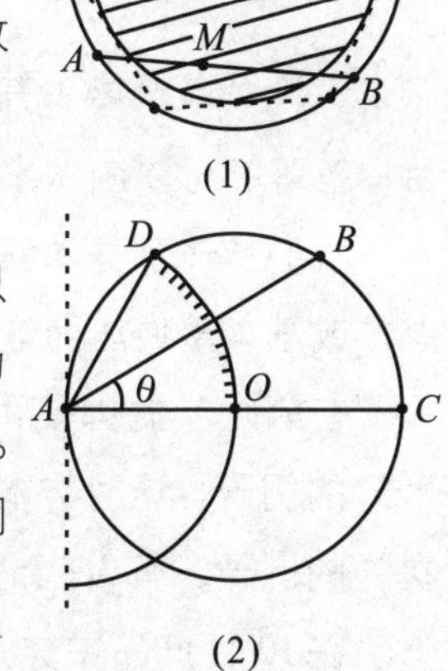

(2)

解答之二：如图(2)，根据对称性，不妨只考虑从圆周上一定点 A 引出的弦 AB。设 AC 为直径。$\theta=\angle BAC$，可取 0° 到 90° 间的任意值。当 $0°\leqslant\theta<60°$ 时 $AB>1$，否则 $AB\leqslant1$。在区间 $[0°,90°]$ 内，$\theta<60°$ 的概率是$\frac{2}{3}$，故 $AB>1$

的概率是$\frac{2}{3}$。

解答之三：如图（3），不妨只考虑和某一条直径相垂直的弦。弦与直径的交点 M 如果离圆心的距离小于$\frac{\sqrt{3}}{2}$，则弦 $AB>1$。这意味着 M 落在总长为 2 的直径 CE 上长度为$\sqrt{3}$的线段 DF 之内时，将有 $AB>1$。故 $AB>1$ 的概率是$\frac{DF}{CE}=\frac{\sqrt{3}}{2}$。

(3)

同一个问题，有三个不同的回答：$\frac{3}{4}$、$\frac{2}{3}$和$\frac{\sqrt{3}}{2}$！

这个例子告诉我们，仅仅从直观上理解什么是概率是不够的。什么是概率，要用严格的数学语言来定义。

事件空间与概率的公理化定义

讨论概率，离不开事件。掷硬币出正面，明天下雨，炮弹命中目标等等都可以叫做事件——这看你关心的是什么。

我们从一个基本集合出发。这个集合的每个元素叫做一个样本点，或基本事件。而这个基本集合就叫样本空间，或基本事件集。

在前面“抛掷硬币的游戏”一节中，我们举出了“掷 3 次硬币”的例子，这时样本空间包含 3 个基本事件；还举了“掷骰子两次”的例子，有 36 个基本事件。

在 10 件产品中先后抽出两件检验，检验结果可能有下列 4 种

情形:

A.(正品、正品) B.(正品、次品)

C.(次品、正品) D.(次品、次品)

这4个基本事件也可以组成样本空间。

设Ω是一个样本空间，由Ω中的元素组成的子集，称之为Ω上的事件。

例如，考虑掷3次钱币的例子。“至少出两次正面”这个事件，便是由Ω中的

(正、正、正)、(正、正、反)、(正、反、正)、(反、正、正)

这4个元素组成的子集。可见，把样本点组成的子集叫做事件是有道理的。

我们感兴趣的一些事件，在一起组成事件空间（别忘了，事件就是Ω的子集)。事件空间可能由Ω的全部子集构成。例如，“掷3次钱币”的情形，共有$2^8=256$个事件，它们就可以组成一个事件空间1。但是，事件空间也可以仅仅由Ω的一部分子集组成。但这一部分子集应当满足对“交、并、补”三运算的封闭性。关于集合之间的这三种运算，可参看第十章“集合的概念与运算”。

既然事件就是样本点之集，集合的运算也就应当有符合习惯的事件意义下的解释。

两个事件A与B的并记作$A\cup B$，意指“A与B至少有一发生”。也称为两事件之和。

两个事件A与B的交记作$A\cap B$或AB，意指“A与B同时发生”。

事件A的补$\bar{A}$叫做A的对立事件，意指A与$\bar{A}$之间必有一发生

且仅有一发生。

如果 $A\cap B=\varnothing$，则称 A 与 B 为不相容事件。

样本点全集 Ω 叫做必然事件，空集 $\varnothing$ 叫做不可能事件。

如果 $B\subset A$，意味着 B 发生时 A 必发生，称为 B 蕴含 A。有趣的是，事件 B 蕴含 A，也正是集合 A 包含 B。

在事件空间上引入一个函数 P，也就是让每个事件 A 对应于一个数 $P(A)$，满足三个条件：

P_1）对任意事件 A，$P(A)\geqslant 0$（非负性）。

P_2）若事件 A_1，A_2，…，A_n，…两两不相容，则：

$P(A_1\cup A_2\cup\cdots\cup A_N\cup\cdots)=P(A_1)+P(A_2)+\cdots+P(A_n)+\cdots$（完全可加性）。

P_3）对必然事件 Ω，$P(\Omega)=1$。

这样一个函数 P，叫做 Ω 上的一个概率测度，或“概率分布”。

一个样本空间 Ω，一个由 Ω 的子集构成的事件空间 ζ，以及 ζ 上的一个概率分布 P，三者放在一起，$\{\Omega,\ \zeta,\ P\}$ 就叫做一个概率空间，而 P_1、P_2、P_3 叫做概率公理。

概率的公理化定义解决了一些令人莫衷一是的概率怪论。前一条目所提出的弦长大于 1 的概率究竟是多少，应根据实际问题中的需要而定。这不是概率论要回答的问题，而是根据实际如何安排概率分布的问题。

回到刚才提到的 10 件产品先后抽两件检验的问题。假定 10 件中有两件次品，而且检验后不再放回，则 4 个基本事件的概率分别是：

$P(A)=\frac{8}{10}\times\frac{7}{9}=\frac{28}{45}$（$A$——（正品、正品）），

$P(B)=\frac{8}{10}\times\frac{2}{9}=\frac{8}{45}$（$B$——（正品、次品）），

$P(C)=\frac{2}{10}\times\frac{8}{9}=\frac{8}{45}$（$C$——（次品、正品）），

$P(D)=\frac{2}{10}\times\frac{1}{9}=\frac{1}{45}$（$D$——（次品、次品））。

可见基本事件概率不一定彼此相等。这时任一事件的概率，可根据基本事件的概率算出。

平均年龄的笑话

听统计数字时，大家爱关心平均数——平均工资，平均寿命，平均亩产，平均收入。不过，有时平均数是会骗人的。由 5 人组成的家庭篮球队，平均年龄 23 岁，该是一帮生龙活虎的小伙子吧？上场一看，原来是一位七旬老人领着 4 个十一二岁的娃娃！

可见，平均数不一定能代表典型的情况。知道了平均年龄是 23 岁，还应当看看几个人的年龄是不是接近平均年龄。如果 5 个人年龄分别是 70、12、11、11、11，考查它们与平均年龄 23 的差的绝对值：

$|70-23|, |12-23|, |11-23|, |11-23|, |11-23|$

把这几个数加起来再求平均值，就能反映出具体各人年龄与平均年龄的差异有多么大。但是在数学上，更方便的是把这 5 个差的平方加起来求平均值，这个平均值叫做方差：

$$\frac{(70-23)^2+(12-23)^2+(11-23)^2+(11-23)^2+(11-23)^2}{5}$$

$=552.4$。

为了使单位一致，常常把方差开平方得数叫标准差。标准差的大小，反映了数据与平均值的差异程度。这个例子中标准差为$\sqrt{552.4}\approx23.5$，比平均值23本身还大！

如果另一支球队5人年龄是30，25，24，19，17，平均年龄是23岁，而标准差

$$\sqrt{\frac{(30-23)^2+(25-23)^2+(24-23)^2+(19-23)^2+(17-23)^2}{5}}$$

$=4.6$。

根据平均年龄23岁与标准差4.6，我们就知道这确是一支年轻力壮的队伍！

根据标准差还可以判断测量数据的可靠程度。设甲乙两人用一根米尺测量同一段距离，各测4次，测得数据为

甲：105.20，106.05，104.90，105.85（米），

乙：104.10，107.25，103.85，106.80（米）。

两组数据的平均数都是105.50米，但是甲测得的那组标准差为0.47，而乙的数据标准差为1.54，这表明甲的测量技术较好。如果两组数的平均值不同的话，甲测得的数据更为可信。

苹果的味道如何——抽样检验

苹果味道如何，你可以试着吃吃看——这叫“先尝后买”。可是

总不能把要买的苹果每个都咬一口吧？工厂生产出来的产品，要检查质量。有的要逐个检查。比如，航天飞机上用的零配件，就必须一个一个地检查，不能含糊。然而对大多数产品，逐个检查是不现实的，甚至是不可能的。检查烟花爆竹的质量，当然不能逐个燃放，只能抽查。

抽查，也叫抽样检验，是用概率统计的原理摸清情况的常用方法。

要检查一批灯泡的质量，比如1000只灯泡吧，这1000只灯泡组成一个母体，或者叫总体。每个灯泡叫做一个个体。随机地抽取10只灯泡来检查，这10只灯泡叫做容量为10的一个子样。若按规定，灯泡合格率低于90%，就要退货。在抽查的10只灯泡里，不合格的灯泡超过几只就应当退货呢？

如果灯泡合格率是90%，任取一个灯泡抽查，合格的概率是0.9。这样，10个灯泡都合格的概率 $0.9^{10}\approx0.349$。

如果10个当中第一个不合格，其他9个合格，其概率就是 $0.1\times(0.9)^9\approx0.0387$，也许10个当中只有第二个、第三个、第四个……不合格，其概率也是 $0.1\times(0.9)^9$。这里有10种不同组合，总起来，10个当中有一个不合格的概率是

$$10\times0.1\times(0.9)^9\approx0.387。$$

类似地，10个中有两个不合格时，这两个灯泡的位置有 $C_{10}^2=45$ 种可能，故10个中有两个不合格的概率是

$$45\times(0.1)^2\times(0.9)^8\approx0.194。$$

如果合格率真的超过90%，抽查的10个灯泡中不合格数不超过1个的概率不少于

$$(0.9)^{10}+10\times0.1\times(0.9)^{9}\approx0.736,$$

不超过两个的概率不少于

$$0.736+45\times(0.1)^{2}\times(0.9)^{8}\approx0.930。$$

因此，10 个灯泡中有 3 个不合格的概率小于 0.07，如果真的有 3 个不合格。很难相信这批灯泡的合格率超过 90%。

上面我们把两个灯泡的分别检验结果看成独立事件。一般说来，如果在一次试验中事件 A 出现概率为 P，则在 n 次相互独立的同类试验中，A 出现 k 次的概率就是 $C_n^k P^k(1-P)^k$。这样的概率分布叫"二项分布"，它有广泛的用途。

池塘里有多少鱼

养鱼池里现在有多少鱼？这在岸上是数不清的。不过，还是有办法估计的。

随机地打几网，比如说，打上了 100 条鱼。把这 100 条鱼身上做上记号，放回池里。第二天再打几网，打上 80 条鱼。80 条鱼里有两条带有记号。这就可以估计出，池里鱼的数目大概至少有

$$100\times\frac{80}{2}=4000(条)。$$

这种估计方法，有什么根据呢？

如果鱼的数目比 4000 条少得多，比如，不超过 2000 条吧，80 条鱼里有记号的鱼就会比 2 条多。因为，按二项概率分布可以算出，若有记号的鱼多于$\frac{1}{20}$——即捉到有记号的鱼的概率大于$\frac{1}{20}$，则在 80

条鱼中有记号的鱼不超过2条的概率不大于：

$$C_{80}^{0}\left(1-\frac{1}{20}\right)^{80}+C_{80}^{1}\left(\frac{1}{20}\right)\left(\frac{1}{1-20}\right)^{79}+C_{80}^{2}\left(\frac{1}{20}\right)^{2}\left(1-\frac{1}{20}\right)^{78}$$

≈ 0.38。

反过来，有记号的鱼多于2条的概率在0.62以上！

鱼会不会比4000条多得多呢？也不大会。如果鱼多得多，多达万条。就可以算出：80条鱼中有记号的鱼不超过1条的概率是

$$C_{80}^{0}\left(1-\frac{1}{100}\right)^{80}+C_{80}^{1}\left(\frac{1}{100}\right)\left(1-\frac{1}{100}\right)^{79}\approx 0.81。$$

很可能捉不到两条有记号的鱼！

“中立原理”的谬误

人有旦夕祸福。一个人明天也许会死，也许不会死。两种可能性，哪种发生，是难以预料的。既然难以预料，就认为两种可能各占一半吧！于是马上会得到一个荒谬的推论：一个人每天死去的概率是$\frac{1}{2}$，因而，世界上每天约有一半人死去！

事实上，生与死不是硬币的正反面。一个人要活两万多天，最后在某一天死去。所以，明天死去的概率还不到0.00005！

当人们没有充足理由肯定或否定某一事件是否会发生时，有时会认为发生与否的概率各占一半。这种想法叫做“中立原理”。随意地应用中立原理，会推出种种错误的结论。

中立原理导致悖论的一个例子是所谓帕斯卡赌注。这位17世纪的著名数学家说：由于不能肯定教堂的教义是真是假，就用掷硬币

的办法决定它。但是，如果相信教义，教义是假的并无大的损失，教义是真的便有升入天堂的幸福。不信呢？教义是假的也无特殊的收获，教义是真的便有入地狱的危险。这么看，岂不是应当把赌注压在相信教义一方才最有利吗？

显然的矛盾是：世界上有几种有影响的宗教，对每种宗教都可以应用同样的推理，那么，一个人能相信每种宗教的教义吗？

中立原理的另一荒谬推论的例子是“箱子里的立方体”。箱子里有个立方体，看不见它。它的棱长在 2 米与 4 米之间，就估计为平均值，假定它是 3 米。另一方面，它的体积在 8 立方米与 64 立方米之间，也取平均值，就是 36 立方米了。但是，棱长 3 米的立方体，体积怎么可能是 36 立方米呢？

大量事实表明：对于未知可否的东西，不能任意假定各种可能性机会均等。掷硬币出正反面概率都是$\frac{1}{2}$，是因为硬币是均匀的。掷骰子出 6 个面的概率都是$\frac{1}{6}$，也是对均匀的骰子而言。至于骰子是否均匀，则只有投掷多次加以检验。不检验而任意假设各种情形机会均等，就会导致错误。

对于未知的带有随机性的事物，各种情形出现的概率究竟如何，可以从抽样试验数据中估计出来。这种利用试验数据以估计概率分布的数学方法，叫统计推断。

概率论与情报

无论对于政治、商业或科学研究，情报都很重要。在战争中，一条重要的情报往往关系着胜负大局。获得正确情报有各种方法。很多人以为这全靠谍报员的机智与勇敢。其实，收集大量看似平常的情况，用概率统计的方法加以整理分析，也往往能得到宝贵的信息。

敌军伤亡情况，当然是我们关心的。从敌国国内报纸上的讣告中，就能提供这方面的情报。当然，讣告中不太可能说明死者是不是军人，而且相当一部分人死了并不在报上登讣告。可是在平时，每月报上有多少讣告是大致可估计的。短时间内增加的讣告与死亡的实际人数之间有一定的统计关联。利用这种统计规律，就可以从讣告的数量变化估计敌方的伤亡。

敌方重大的军事行动，当然对我们绝对保密。不过，军事行动不可能不做充分的准备。要发动员令，要指挥、报告，空中就增加了许多传送信息的电磁波。电讯密码我们不知道，但是在某一地区上空突然比平时多了许多传送密码的电磁波，这是谁也隐瞒不了的。军事行动之前要在物资上作储备，人员会集中，交通线的繁忙也是无法保密的。统计数字的波动，会提供警告：敌方在某一地区蠢蠢欲动了！

甚至，从民用邮电系统中信件与电报的统计数字的显著变动，也能猜测出某一地区即将或已出现重要的军事行动。

破译密码，那更是近百年来大家早已熟知的故事了。

秘书问题——停止规则

一位经理需要找个秘书。n 个人同时申请这个位置。经理随机地一个一个地和申请者见面，把申请者与已见过面的人比较而决定是否录用。但是，申请者要求经理当场答复，因为他（她）好决定是否到另一处谋求职业。经理采取什么策略，才能从 n 个中选到最好的或较好的秘书呢？

如果经理要把 n 个人都见一见，那就只能录用最后一名。于是他录用到最好的那一位的概率仅有$\frac{1}{n}$。如果接见到倒数第二，即 $n-1$ 位呢？这时有两种可能：第 $n-1$ 位不是前 $n-1$ 位中最好的，或第 $n-1$ 位是前 $n-1$ 位中最好的。若第 $n-1$ 位不是前 $n-1$ 位中最好的，接着就接见最后一位；若第 $n-1$ 位是前 $n-1$ 位中最好的，则录用第 $n-1$ 位。

由于第 $n-1$ 位比前 $n-2$ 位都好的概率是$\left(\frac{1}{n-1}\right)$，故接见第 n 位的概率是$\left(1-\frac{1}{n-1}\right)$，而第 n 位为最佳的概率是$\frac{1}{n}$，故在第 n 位取到最佳人选的概率是$\frac{1}{n}\left(1-\frac{1}{n-1}\right)$。而在第 $n-1$ 位取到最佳人选的概率是$\frac{1}{n}$。这么一来，在 $n-1$ 位时开始作出决定的策略较好，取到最佳人选的概率是$\frac{1}{n}\left(2-\frac{1}{n-1}\right)$，当 $n>2$ 时，要比全部接见有利。

依此类推，接见到第 $n-3$ 位时作出决定，则取到最佳人选的概率$\frac{1}{n}+\frac{1}{n}\left(2-\frac{1}{n-1}\right)\left(\frac{n-2}{n-3}\right)$。

经过详细计算可知，当 n 很大时，最好的策略是放过 37% 的应试者，然后遇到一个比前者都好的就录用。这样取到最优人选的概率最大。令人惊奇的是，平均起来，这种办法能在 1000 人当中选到前四名应试者!

以 $n=4$ 为例，采用放掉一人而后再择优录用的办法，可能有24种情形。用1、2、3、4表示申请人的优劣顺次，这24种情形是：

123④	*2①34	*3①24	*4①23
124③	*2①43	*3①42	*4①32
132④	*23①4	3②41	4②13
134②	*243①	3②14	4②31
143②	*24①3	*34①2	4③12
142③	*23①4	34②1	4③21

圆圈标出了中选者，*号指出选中最优者的情形。明显看出，选到最优者的概率是 $\frac{11}{24}$，比随意挑选的成功率$\left(\frac{1}{4}\right)$高得多。而选中第一名或第二名的概率则高达 $\frac{18}{24}=0.75$。

秘书问题不过是众多的类似问题的简单例子。这类问题一般叫做“序贯分析”。停止规则是序贯分析的重要内容。在经济决策活动和医药学的试验方案中，应用序贯分析与最优停止规则，能获得很大的经济效益与社会效益。

保险数学

天有不测风云，人有旦夕祸福。在生活中，人们难免遇到意外或不幸。火灾、水灾、疾病、交通事故，难于预计它何时到来，降临到谁的头上。于是，人们建立了保险制度作为安全对策。办法是这样的：参加保险的人预先缴纳少量金钱（保险费）给承保人——

保险公司。一旦灾难降临在谁头上，保险公司便支付给他一笔比所交保险费多得多的钱帮他应付局面，弥补损失。

这对参加保险者——受保人是有利的。如果他没有遇到灾害，他支出不多，花小钱买了个大平安。一旦发生意外，社会为他提供了生活保障，对承保人也有利。保险公司运用集少成多的保险费可以兴办事业、企业，获取利润。

但是，保险费应当收多少才合理？多收了大家吃亏；少收了，保险公司赔不起，会破产，也就不保险了。保险数学，就是研究这类问题的一门应用数学，是很早就开始的，在社会生活中运用数学的成功的例子。

由于意外事故的发生是随机的，概率统计方法就理所当然地成为保险数学的主要工具。

保险数学的基本原则是收支等价原则。保险公司的收入是大家每年缴纳的保险费和保险费集中后产生的利息。支出则包括管理费用与发生事故后支付的保险金。在收入当中，银行利率是不确定的；在开支当中，事故发生的时间，损失多少，都是不确定的。对于不确定的东西，作为随机事件，用统计方法求取平均值计算。列出收支相等的方程，可以求出应收的保险费的数额。

不过，保险数学还有更深入的课题。例如，会不会发生保险公司收不抵支的情形？为了预防收不抵支，保险公司要有一定的储备——义务储备金。义务储备金应当有多少才合适？更进一步，如果发生大事故，如地震，也许保险公司无力承担支付，就会破产。因而保险公司和大家都是承担了风险的。风险的概率如何计算，如何减少风险损失，这属于风险论的研究对象。

第二十二章　密码学

什么是密码

密码这个名词大家早就听说过，但是只有近年来大家才普遍接触到密码。譬如，银行存折上有密码，打开一个游戏软件要输进去一个密码……

其实远古时代就有密码，而且是人人皆用的。譬如一个原始人，捕获两只兔子，吃了一只，想把剩下的一只留在下次饿的时候再吃，于是就把兔子塞在某个岩缝里，并在岩石上画一个记号。这个记号就是密码。

时至今日，这种密码还在继续使用。如，班上每位同学都有一个皮球。平时，这些皮球放在一起。大家玩的时候，担心与别人的球相混，于是，有的人在球上画了一个黑三角，有的人在球上画了一个红圆圈……这些记号就是一种密码。

上述这种密码都有一个共同点：只供个人使用。就是这种密码，只有自己懂，别人不懂。

当社会发达之后，人与人的交往越来越密切了，这个时候，就出现了双边密码。双边密码比个人密码就更复杂一些，它要求对话的双方都能懂这些密码，而任何第三者都读不懂这些密码。

粗粗一想，双边密码也可以采用个人密码的办法，只要秘密的符号为对话的双方认可，就把个人密码变为双边密码了。譬如国王向出征的将军下达命令，传送一个箭头的符号，表示进攻的意思，传送一个半圆弧的符号，表示退兵的意思。只要国王和将军事先把这些符号的意思规定死了，双方就可以用这种符号密码传递信息了。

实际上这是行不通的。譬如将军面对的敌军有三路，进攻哪一路呢？是否同时向两路敌军发起进攻，或者要进行全线进攻？这里有6种可能的选择，用一个箭头符号是说不清楚的。而出征以前国王和将军之间也无法把所有可能发生的情形都用暗号约定。另外，暗号多了，只要一方记错了一个暗号，就导致误会。

所以交流的双方都要制定一个密码方案来进行通信。

密码方案

什么叫密码方案？我们举一个例子来说明。一个商人贾某在外省做生意，他获知近日内棉花要涨价，于是给他家乡的儿子发去一个电报。电报的内容是："抢购棉花。"当这份电报送到他家时，儿子正好不在家，由一位邻居代收了。这位邻居知道这一信息后，马上就去市场上收购棉花。商人的儿子回家看到电文时，市场上的棉花已被抢购一空。

吸取这个教训之后，贾某以后就采用密码电报和儿子联络了。在谈到密码电报之前，我们先把明码电报说清楚。

电报局发电报只会发0~9这十个数码，所以发送文字之前，必须先把文字换成数码。怎么换法呢？市面上有“电报码手册”可买，这是一本汉字和电报码的对照手册，其中含有二张对照表。一张按偏旁部首查找汉字，找到汉字后，旁边就注有一个四位数，这个四位数就是所查汉字的电报码；另一张表是按四位数的大小次序排列的，每一个四位数旁边都注着一个汉字，这个汉字就是与所查的那个四位数的电报码相对应的汉字。“电报码手册”是一本双向对照表。

发报之前，先按此表，把电文翻译成一连串四位数的电报码。这项翻译工作，可以由打电报的人自己做，也可以由电报局代劳。到了收方，电报局收到的还是电报码，一般电报局也会按照“电报码手册”把电报码翻译成汉字，且把四位数的电报码一并附在下面送到收方家里。

但是，要发密码电报就不同了。

譬如商人贾某现在要给他儿子发一份密码电报，电文是四个字：“抛售布匹。”他不能把这份电文直接交给电报局，因为大家都知道这四个字的含义，会把秘密暴露。于是他在家先把原来的电文，按照“电报码手册”的对应表，查出原文（汉字）的电报码，“抛售布匹”这四个汉字查得的四个四位数依次是2141 0786 1580 0572。然后把每个四位数都加上100，四个四位数就变成了2241 0886 1680 0672。此刻这四个电报码所对应的汉字已不是“抛售布匹”，而变成为“抡噌庙叵”。贾某就把这么一个文句不通的密文交给电报局。当然，电报局不管你的文句通不通，他照原样发电报。所以，最后送到他儿子手中的电文也是“抡噌庙叵”。外人都不懂这四个字是什么意思。贾某的儿子也不懂这四个字的意思。但是父子二人事先已经约定好，接到电报的儿子会把收到的电报码2241 0886 1680 0672的每个四位数都减去100，再从“电报码手册”上查2141 0786 1580 0572，而这几个四位数对应的文字就应是“抛售布匹”这四个字了。

从上面发密码电报的过程中，我们可以了解到，所谓的密码方案，就是两个规则。

第一个规则，把明文（原文）翻译成密文（一串四位数码）；

第二个规则，把密文翻译成明文（恢复原文）。

实际上这两个规则是一个规则。后一个规则必须是前一个规则的逆规则，否则原来的信息不能被恢复。密码方案指的就是这样一对互逆的规则。前一个规则，称作密码的加密方案；后一个规则，称作密码的解密方案。

有了密码方案以后，通信的双方想说什么话都可以尽情地说，而且说了以后，尽管中间经过许多人的手，但信息始终还保住它的秘密性质。

破译密码

上一节中所说的密码方案是否具有万无一失的把握呢？即使是一个没有使用密码经验的人，也可能有一种预感，万一这个方案被人猜透，秘密就保不住了！这种担心是很必要的。譬如说一个送报员被好奇心所驱使，他面对一份又一份读不懂的电文，突发种种奇想，就可能会有一天把其中的奥秘猜透。

第三者预先不知道对话双方的密码方案而读懂了密文，这就叫做密码的破译。俗话说，魔高一尺，道高一丈。历史上许多密码都被破译过。下面我们讲一讲古罗马时代的一种密码。欧洲人用的文字大都是拉丁文派生出来的，每个字都由26个字母中的一些组合而成，只要对26个字母做一个置换（排列），通信双方只要规定死这种置换，譬如：

a b c d e f g h i j k l m n o p q r s t u v w x y z

f b m d o a r h e j k l c n i p q g s d u v w x y z

把原文中的每一字，按照上面的置换表，把上一行中的字母分别换成下面一行中的对应位的字母，例如原文是“freetime”（汉译为：业余时间），按前面规定的置换表，从上到下的换字规则，就换成为密文“agoodeco”（汉译为：优良环境）。原文变成密文后，原来的文意已经面目全非了。而接收方按照同一个置换，把收到的密文的每一个字母，按反过来的规则从下至上地换字，于是密文就被恢复成原文。

因为26个字母有26！种排列方法，26！是一个天文数字，全世界按100亿人口算，大家不吃不睡全来做试验，就算每人每秒钟能试验一种可能性，到几亿年后，也试验不完所有可能性的万分之一。因此，第三者无法通过试验的办法来破译密码。所以，罗马帝国时代就采用这种密码方案。他们相信这种方案是安全的（不能被破译的）。

但是这个方案最后还是被破译了。

人们用统计的方法发现，在一般的拉丁文字当中，字母e出现的频率最高；其次是元音字母a、o、i和辅音字母t、h等；出现频率最低的是字母z。这样，只要你的文字足够长，其中出现频率最高的字母的原字母必是e。在我们上面所举的例子当中，由于文字太少，不宜如此简单处理，作为例子暂且允许作譬喻的话，我们可以这样理解："agoodeco"字母中 o 出现的次数最多，我们就有理由相信，这个字母的原字母一定是 e。当然发送的信息当中只有一个字母 p 时，虽然这个字母在全文中出现的频率达到 100%，我们自然不会那么傻，就把 p 翻译成 e。但是一般的信息至少都有几百个字母所组成。这时将频率最高的字母翻译成 e，几乎是有把握的。按照各字母出现的频率，再加上人的猜透力，密文是很容易被破译的。

这里，我们可以看到数学中的统计学在破译密码中发挥出它卓绝的功能。

不管采用什么密码方案，把明文加密成为密文，都是需要付出代价的。正如你要掩盖一件宝物，就需要一件遮盖物。这件遮盖物既在掩盖你的宝物，同时，它也在暴露你的宝物。

大家都听说过这样一个故事：古时一个人把 300 两银子藏在地里，他怕有人偷，就在这里插上一块牌子，上面写道"此地无银 300 两"。他的邻居看到后，把钱拿走。为了怕物主猜疑，也写了一块牌子，声明"隔壁阿二不曾偷"。

中世纪许多欧洲海盗把抢到的金银财宝藏到一些孤岛的山洞里，为了怕人发现，就用石块和树枝把洞口伪装起来。这就为近代许多探险家提供了搜寻的线索。

破译密码的专家，就像探险家一样，不断地利用各种密码方案的伪装物，研究其中一切破译的可能性。所以，千万不要轻信自己的密码方案是安全的。

第二次世界大战期间，日本派驻美国的一名间谍曾经给日本军部发过一份电文："有迹象表明美国方面已经有能力破译日本现行的密码方案。"但是当时自高自大的日本军部却认为这是不可能的。他们不接受部下的忠告，没有换用新的密码方案，致使当时日军的最高统帅出去视察的消息被美国破译之后，美方只派了两架飞机，就轻而易举地把这位日本军部最崇拜的人物——山本五十六的座机击毁。

这样说来大家对于密码会不会失去了信心呢?

请大家放心，自从密码学诞生以后，密码就走上了科学的道路。它从坚实的数学基础出发，建立了严格的理论体系，近年来有了突飞猛进的发展。世界数学大会曾把1990年定为密码年。许多密码商也拿出了高额奖金来征集破译者。更重要的还是社会实践对密码的需要日益迫切，从而在世界上掀起了一个探讨密码的高潮，致使很多卓越的人才都跃跃欲试地投身于这场富有竞技色彩的挑战之中。

公 钥 密 码

双边密码只供通信双方使用。随着社会的发展，更需要群体使用的密码。人类很早就把双边密码当做群体密码来使用。

首先我们解释一个名词：什么叫密钥?密码方案中最关键的一项数据就称作一个密钥。加密时候使用一项数据把明文转换成密文，该数据就称为加密密钥。前面所提到的商人贾某，他在给儿子发电报时，把原文的电报码各加上100后，使之成为密文。这个“+100”就称为加密密钥。它像一把锁，可以把一组信息锁起来。解密的时候也须使用一项数据，用它把密文转换成明文，该数据就称为解密密钥。贾某的儿子，在收到电报后，把电文上的每个字的电报码都减去100，这个“-100”，就称为解密密钥。它像一把钥匙，可以把一组锁着的秘密信息解开。

虽然把本来属于两个人之间的密钥交给群体使用，表面上看似乎双边密码就自动地变成为群体密码了，但实际上，这样做起来问题很严重。我们可以看一看如下的一些例子。

10 个人在一个办公室工作，办公室只有一把锁。这 10 个人每人都分到一把同样的钥匙。谁都可以用自己分到的钥匙开这个房间的门。如果这个房间里放的是机要的军事秘密，当一份材料丢失之后，我们就无法判断这 10 个人中哪一个是奸细。

在一个地区驻扎的部队，司令部每天晚上都要向战士传达一个当晚的口令。经过哨卡的人必须向站岗的哨兵报出口令才能通过哨卡。如果敌方派了两个侦察兵混入这个地区，他们也建立一个伪哨卡，见了人就端枪高喊“不许动，口令！”这样就轻松地把口令探听到手。

由于人多眼杂，把双边密码扩展为群体所使用，其安全性就无法保证了。几千年来，人类群体所采用的密码，实质上都没有跳出双边密码的范畴。我们的子孙后代，当回忆起这段漫长的历史，看到人类在密码上所经过的艰难和无奈，几千年迈不出实质性的一步，也都会从心底产生无限的遗憾和慨叹！第二次世界大战之后，突然久阴转晴，密码历史终于迎来了绚丽的太阳，真正的密码体制出现了，这就是——公钥密码。

1976 年，狄菲和海尔曼提出了密码体制的新概念——公钥密码。下面我们就来介绍一下他们的设想。从中我们会看到，人类出现了两颗这么怪的脑袋，它们孕育出多么令人不可思议的奇想。

首先让全世界每一个人都具备两副锁和钥匙，每副各有一把锁和一把钥匙。按正常情况，每把锁应和其配套的钥匙放在一起。现在恰恰相反，每一把锁都和它不配套的钥匙放在一起的。这样，就有两副不配套的锁和钥匙。将其中的一副秘密地留在家里，这一副不配套的锁和钥匙叫做秘密锁钥。将另一副拿到锁厂，复制成60亿副，让全世界人人都能从市场上买到它。市面上的这一副不配套的锁和钥匙叫做公开锁钥。

现在某人A，想把一只箱子寄给另一个人B。他先从市场上买到一副B的公开锁钥，并用B的这把公开锁钥中的锁把要寄的箱子锁上。然后，A又把自家的那把秘密锁复制了一把，也锁到箱子上。这样，要寄的箱子上共锁着两把锁。这时，A才将箱子寄给B。B收到箱子之后，也先去市场上买A的公开锁钥，因为A的公开锁钥中的那把钥匙正好和A寄出的箱子上的那把锁是配套的。这样，B就可以打开其中的一把锁。接着，B又用自家秘藏的秘密锁钥中的那把钥匙，将寄到的箱子上的另一把锁打开（这把锁就是A从市场上买来的，B的公开锁钥中的那把锁，它与B家秘藏的那把钥匙正好配套)。于是，箱子上的两把锁都打开了，箱子也顺利地启开了。

万一箱子半路上落入一个多管闲事的C的手中。他想打开箱子看看其中的秘密。C也从市场上买来一副A的公开锁钥。当然，他也能够把A家复制出来的那把锁打开。但是，他却打不开另一把锁。这把锁虽然是A从市场上买来的B的公开锁，由于同时买到的这把钥匙并不与这把锁相配套，只有B家的秘密钥匙才能打开这把锁。世界上没有第二个人能够打开这把锁，因此，C永远无法看到箱子中的秘密。

请大家注意，在这个过程中，A到市场上购买B的公开锁钥时，他所要的只是其中的那一把锁，而那把钥匙，完全可以扔掉不要。

而 B 到市场上购买 A 的公开锁钥时，他所要的仅是其中的那一把钥匙，那把锁，也是被弃之不用的，这不能说不是一种资源的浪费。最好把市面上出售的那一把公开锁和公开钥匙制作在一起，既能当锁用，又能当钥匙用。那样，会让人更满意一些。

一般通信的双方，不会寄箱子，而是传递一些信息。信息当然是一串文字。在发电报时，我们看到文字也可以转化为一串数据，或者就是一个高位的数。今后我们把信息、数据和数都理解为同一个东西。既然如此，我们也希望锁和钥匙也是一些数据。从这个角度出发，我们把上面所说的通信过程，用数据的概念重新描述一遍。

首先，让全世界每人都拥有两个数据，一个是公开的，叫做公钥（相当于我们前面所说的，市场上公开出售的，那副不配套的但是不被制作在一起的锁钥）；另一个是由每个人自己秘密保存的，叫做密钥（相当于前面所说的，放在个人家中的，那副不配套的锁钥）。公钥可以统一规定为每个人的电话号码（当然也可以统一规定为每个人的身份证号码，或者通信地的省份、城市、街道、门牌的号码）；密钥和公钥不是两个独立不相干的数据，密钥是根据公钥算出来的另一个数据，它可以看作公钥的一个逆数据。这个数据是怎么算出来的，谁也不知道，只有某一台大公无私的计算机知道。计算机算出来的这个数据，只交给本人，除了他自己，谁也不知道这个数据。

现在，A、B 两个人需要通信。A 打算把一串信息发送给 B。假定 A 的密钥是 eA，公钥是 dA，而 B 的密钥是 eB，公钥是 dB。因为是秘密通信，A 就得用一个加密方案把数 m 加密成为另一个数 n。具体怎么加密法呢？各种公钥密码体制都有自己不同的设计。我们暂且把这种加密算法叫做一种特殊的乘法，用 * 号来表示特殊乘法的运算符号：则 A 把 m 加密成 n 的算法就是：

$$n = m * eA * dB。$$

这个 n 就相当于前面所说的上了锁的 m，其中一把锁是 eA（相当于 A 家那把秘密锁），另一把锁是 dB（相当于 A 从市场上购到的 B 的那把公开锁）。而 B 收到这个数 n 之后，他也得用一个解密的方案把 n 还原为 m。具体的解密算法是：

$$n * dA * eB,$$

其中 dA 相当于是 B 从市场上购到的，可以开启由 A 家复制出来而锁在箱上的那把锁的钥匙，eB 相当于 B 家自己秘藏的，可以开启箱上另一把锁的钥匙。因为

$$\begin{aligned} & n * dA * eB \\ = & (m * eA * dB) * dA * eB \\ = & m * (eA * dA) * (eB * dB), \end{aligned}$$

根据密钥是公钥的一个逆数据，我们可以把它理解为：

$$eA * dA = 1,\ eB * dB = 1。$$

这样 B 把收到的数 n，经过 $n * dA * eB$ 的运算，就还原出 m 来了。

这种通信方法有以下几个特点：

第一，任意两个人之间都可以进行通信。不管你们两人以前是否相识，即使是敌对的双方也可以进行通信。

第二，这种通信能够保持信息的秘密性质。A 想把一个信息 m 发给 B，只要查到 B 的电话号码，A 把信息 m 先用自己的密钥 eA 乘上 m，接着用 B 方的公钥 dB 再乘一遍，就得到了可供发送的密码 n，这两遍乘法当然可以由计算机代劳，加好密的信息还可以通过计

算机网络发送到 B 方。数据 n 在网上传播的时候，谁都可以收得到。但是谁都不知道怎样把这个数据 n 还原为 m，因为全世界只有 B 一个人手中有 eB 这个数据（密钥）。网上传播着的信息 n 只有乘上 B 的密钥 eB 和 A 的公钥 dA 以后才能恢复出原始的 m。虽然 dA 是公开的（众所周知的电话号码），但是没有 eB 的人是恢复不了原文 m 的。

第三，这种通信还带有签名的性质。当 A 发给 B 一个信息之后，在法律上，A 对这条信息应该负有责任。譬如 A 是一个情报员，他给司令部 B 发去了一个消息："今晚敌军撤退，可以乘虚出击。"结果这次进攻误入敌人的包围圈，以惨重的失败告终。这位情报员吓坏了，不敢承认那条错误信息是他发的。但是法官可以判定这条信息是情报员 A 发的。假定上面这条具有 12 个字的消息转化成为数据的时候是一个 48 位数 m（我们暂且认为大家都按电报码的规则把文字转化成四位数的电报码）。当 A 用密码发给司令部时，发出的密码是：

$$n = m * e\text{A} * d\text{B},$$

其中 $* d$B 是公开的，但是 eA 是秘密的，世界上除了 A 之外没有第二个人知道这个数据。既然使信息 m 乘上 dB 再乘上 eA 能够等于 n 这件事，只有 A 一个人能做到，因此 A 逃脱不了他的罪责。

也许有人会问，eA 这个秘密的数据是那台大公无私的计算机给的，只有 A 自己知道，法官不知道这个数据又怎么能判断呢？法官虽然不知道 eA 这个数据，但是法官知道 dA 这个数据，根据 $e\text{A} * d\text{A} = 1$，和 dA 相乘能够等于 1 的数只有 eA 这一个数，从而判定错误消息必是 A 发出的。为了说得更明白一点，可以采用下面的反证法：

如果上面那条伪情报是另外一个人 C 发出来的，由于

$$eA \neq eC,$$

那么

$$eC * dA \neq 1。$$

当司令部接到信息 $n = m * eC * dB$ 时，司令部误认为是 A 发来的，还原时仍用 B 的公钥进行计算：

$$n * eB * dA,$$

则计算所得到的数据是：

$$\begin{aligned} & m * eC * dA * eB * dB \\ &= m * eC * dA (eB * dB = 1) = m。\end{aligned}$$

则推出：

$$eC * dA = 1。$$

因为每个人的密钥都是其公钥的逆数据，除非 $eC = eA$，别无其他可能，也就是说这个 C 除了就是 A 本人之外，不可能是另外一个人。

其实用不着法官出面，这个密码体制本身就已经自动提供了上述判断能力。顺便告诉大家，在这个密码体制中，你想给人乱打“电话”是不行的。

从上面三个特性就可以看出，人类总算找到了真正可供群体使用的密码——公钥密码。只可惜上面只给出了一种概括性的描写，能否具体付诸实践呢？

不但实现了，而且很多国家还都已经用上了这种密码。下面我们想进一步将其中的一种叫做 RSA 的密码体制介绍给大家。不过要想听一听瑞沃斯特（Rivest），沙米尔（Shamir），阿勒曼（Adleman）这三个人研制的 RSA 密码体制，读者则需要耐着性子读一读下面两节的补充知识：“同余类”和“单向函数”。

同余类

模10的同余类是指下列10个集合

$$\{0, 10, 20, 30, 40, \cdots\}$$
$$\{1, 11, 21, 31, 41, \cdots\}$$
$$\{2, 12, 22, 32, 42, \cdots\}$$
……
$$\{9, 19, 29, 39, 49, \cdots\}$$

其中每一个集合中的元素都是整数，同一个集合中的元素都有同一个性质：除以10之后其余数（规定余数都为小于10的非负整数）相同。譬如第三个集合中，每个元素除以10之后，余数都是2。若用集合中的符号表示，它还可以写成 $\{2+N\times10 \mid$ 其中 N 为任意整数$\}$。上述10个集合，每一个我们都称为模10的一个同余类。

模10的同余类中的任意一个元素都有资格代表它的类。如2和32，不管哪一个，都可以全权代表它们的类：$\{2+N\times10 \mid N$ 为任意整数$\}$。我们称这个代表是模10的一个同余数。

模10的同余类是一个集合，模10的同余数只是一个数。但是同余数和普通的整数不一样。在普通整数里，2就是2，32就是32，二者是不相等的。而在模10的同余数中，我们认为2和32是相等的。因为它们所差无非只是10的一个倍数，如果用10去除这两个数，它们除剩所得的余数是相等的。之所以采用“同余”这个字眼，就是指有相同的余数的意思。

下面我们用几何的办法描写一下同余类的形象。把一个圆周等分为 10 份，有 10 个分点。按逆时针方向在这些点上分别写上数字 0，1，2，3，…，9。如果再往下写 10，就已经没有地方写了。因为 10 将和 0 重合在一起。如果不嫌拥挤，我们照样也可以把 10 写在写 0 的那个点处。依此类推，可以把 19 写在原来写 9 的那个点处，进而甚至还可以把 20 写在原来写 0 和 10 的那个点处。如果再按顺时针的方向把负数依次写在这些点上，那么全部整数都将出现在这个圆周上了，而且只分布在这 10 个点上。同余类指的就是这一个个的点，而同余数指的就是写在这个点上的数。

由于画面的拥挤，眼神不好的人，此时根本分辨不出来写 2 的点和写 2 的数，也分辨不出来写 2 的地方写的是 2 还是 32，或 132，等等。其实我们希望所有的读者都是眼神不好的人，在模 10 的情况下，既然我们已经把 2 和 32 或 132 都看做是相等的，也把 2 看做是有资格代表写 2 的这个点，那么，我们分辨不清 2，32，132，…分辨不清写 2 的这个点和数也没有什么关系了，反正它们都代表同一个意思。

模 10 的同余数之间可以和整数一样，能够做加法、减法和乘法运算，其运算法则和整数的运算法则完全一样。值得注意的问题是：每次运算中，一个同余类中只派出一个代表参算，那么如何选派代表呢？既然前面已经说过，同余类中的每一个数都可以全权代表这个类，那么随便从这个类中挑选出一个元素，它都应该有资格代表这个类。实际上，无论让哪一个代表参加运算，其运算结果，从同余类的眼光来看，所得之得数都不会错，都会得到同样的得数。

可以证明如下：两个数 a，b 分别被 10 所除，各有一个商数和一个余数。设

$$a = s \times 10 + a_r \quad (0 \leqslant a_r \leqslant 10),$$

$$b = t \times 10 + b_r \quad (0 \leqslant b_r \leqslant 10),$$

因为 $a + b = (s + t) \times 10 + (a_r + b_r)$，所以 $(a + b)$ 除以 10 的余数，就等于 $(a_r + b_r)$ 除以 10 的余数。

同理

$(a \times b) = (s \times t \times 10 + a_r \times t + b_r \times s) \times 10 + (a_r \times b_r)$。

所以，$(a \times b)$ 除以 10 的余数，就等于 $(a_r \times b_r)$ 除以 10 的余数。

容易看出，对于减法运算，也有上面类似的结论。

举一个具体的例子，如 $9 \times 9 = 81$，从同余类的眼光看来，81 和 1 在同一个类里（除 10 余数都是 1），最佳方案是用同一个类中的最小非负整数作为其代表，就认为 $9 \times 9 = 1$。可是最后写出的式子，叫人看起来简直接受不了。所以在数论中往往这样表达：

$$9 \times 9 \equiv 1 \pmod{10},$$

这个式子在第九章中已经介绍过，其意思是：如果相差 10 的倍数忽略不计时，式子的左端和右端是相等的。这和近似计算正好相反。近似计算只把很小的零头忽略不计。这里却把大头忽略不计，只看重被 10 除之后剩下的零头。

需要提醒大家注意的是，一般情形下，不允许直接写成 $9 \times 9 = 1$，这样的式子，除非事先加一个声明：在除以 10 的余数中考虑其同余类时，上式才有意义。因为每次声明起来很麻烦，人们往往用简单的一个词“模 10”代替，所以通常都采用上述数论的写法。当然，人有时还得寸进尺地要把其中三横的等号“≡”简写成普通两横的等号“=”。所以，即使写成：

$$9 \times 9 = 1 \pmod{10},$$

也为大家所公认，因为它的意思也还是明确的。

利用前面证明中的方法，还可以知道同余数的运算也适合结合律：

$$(a+b)+c=a+(b+c),$$
$$a\times(b\times c)=(a\times b)\times c$$

和分配律：

$$a\times(b+c)=a\times b+a\times c,$$
$$(a+b)\times c=a\times c+b\times c。$$

如果把模 10 的同余类就看做是 0 ~ 9 这 10 个数，那么这个小家族也是“麻雀虽小，五脏俱全”。它也和全体整数这个大家族一样，可以自己封闭成为一个系统，经过加、减、乘运算之后，其得数还在原有的家族之内。

进一步，设 N 是任意一个正整数时（N 不一定是 10），模 N 的同余类就由 0，1，2，…，$N-1$ 这 N 个元素组成的小天地，模仿整数内的加、减、乘的运算方法。它们也和模 10 的同余类一样，自成系统，在其中照样可以自如地（适合结合律，分配律）进行加、减、乘运算。

我们还发现这个小系统比整数系统多两条优点。第一，整数运算起来，其结果可能越来越大，没有边际。模 N 的同余类，算来算去却还在 $\{0, 1, 2, \cdots, N-1\}$ 这 N 个数的范围之内。第二，整数只有两个可逆元素，除了 +1 和 −1 之外（$(-1)\times(-1)=1$，$1\times1=1$），再也没有其他的可逆元素了（凡是 $a\times b=1$，a，b 都称为可逆元素，而且 a，b 还称为互逆的元素）。在模 10 的同余类中，$9\times9=1\pmod{10}$，$7\times3=1\pmod{10}$，$1\times1=1\pmod{10}$，1，3，7，9

都是可逆元素。在模10000的同余类中，可逆元素就更多了。例如：

$$107\times2243=240001=1(\bmod 10000),$$

$$109\times6789=740001=1(\bmod 10000)。$$

同余类的概念叙述到这一步之后，公钥密码几乎就能拿到现成的方案。

设$N=10000$，模N的同余数都可以看做是一个四位数。按照电报码的规则，每一个字就是一个四位数。如果要发出一个字的信息，譬如要发“快”字。从电报手册上可以查到“快”字就是四位数1816。如果A想秘密地把这个四位数1816发给B，他首先需要把1816加密。

设A的电话号码是109，B的电话号码是107。用A的密钥6789和B的公钥107加密以后的数据是：

$$1816\times6789\times107=1319184168=4168\ (\bmod 10000)。$$

其中6789是A的电话号码109的逆元素即

$$6789\times109=1\ (\bmod 10000)。$$

当A把这份密文数据4168通过电波传播到世界各处时，谁都可以收到这份电文，但是谁都不知道如何才能译成原文。当B收到数据4168后，他可以进行下面的解密运算：

$4168\times109\times2243=1019021816=1816(\bmod 10000)$。实际上，$4168\times109\times2243=(1816\times107\times6789)\times109\times2243=1816\times(107\times6789)\times(109\times2243)=1816\ (\bmod 10000)$。其中2243是B的电话号码的逆元素，即$107\times2243=1\ (\bmod 10000)$，6789是A的电话号码109的逆元素即$6789\times109=1\ (\bmod 10000)$。同时把两对互逆的等式代入其中，解密运算之后所得的数仍是1816，至此B已经把密文

4168 复原成原来的数据 1816。再查一下电报码手册就把原文"快"字翻译出来了。

实质上，公钥密码就如刚才所描写的那样简单。但是其中还存在一个技术问题需要解决。这就是下面一节中要讲的问题。

单 向 函 数

我们的读者若是第一次接触同余类的概念，请你最好把上一节重新读一遍。如果你能说出技术上尚欠缺的问题是什么问题，那么你的阅读能力真算得上"了不起"。你对同余类的了解深度也应该达到 100 分了。

前一节中写的 $107\times 2243=1\ (\mathrm{mod}\ 10000)$，其中 107 是 B 的公开的电话号码，而 2243 是 B 的秘密密钥。两个数据是互逆的数据。除了 B 之外，是否还有别人能从 107 当中算出其逆元素 2243 呢？如果能，则 B 的秘密就不复存在，发给 B 的信息别人也可以解密读取了。

利用辗转相除法，我们可以证明，任意一个同余数，当且仅当它与模数 N 互质时，才是一个可逆的同余数，而且它的逆元素很容易就能用辗转相除法求得。

下面，我们在模 10000 的情形下，用辗转相除法，具体地把 107 的逆元素求出，步骤如下：

$$10000=107\times 93+49,$$

（如果理解为除式，则左端的 10000 是被除数，右端 107 是除数，49 是余数。）

$$107 = 49 \times 2 + 9,$$

（左端的107是上式中的除数，右端的49是上式中的余数。）

$$49 = 9 \times 5 + 4,$$

（左端的49是上式中的除数，右端的9是上式中的余数。）

$$9 = 4 \times 2 + 1。$$

（左端的9是上式中的除数，右端的4是上式中的余数。）

倒推回去，得

$9 - 4 \times 2 = 1,$

$9 - (49 - 9 \times 5) \times 2 = 1,$

$9 \times 11 - 49 \times 2 = 1,$

$(107 - 49 \times 2) \times 11 - 49 \times 2 = 1,$

$107 \times 11 - 49 \times 24 = 1,$

$107 \times 11 - (10000 - 107 \times 93) \times 24 = 1,$

$107 \times 2243 - 10000 \times 24 = 1$。

由此推出，$107 \times 2243 = 1 \pmod{10000}$。

求一个元素的逆元素如此之便当，这对于我们密码的安全性构成可怕的威胁。上述密码方案的缺陷在于我们的锁和钥匙太低档了。

一般说来，给了一把钥匙，要用钥匙开锁是轻而易举的事。反过来，没给你钥匙，想自配钥匙去开锁就比较难了。如果是一把很高级的锁，那就简直是不可能的事了。

大家都知道半导体二极管具有一个特别的性质，当电流从一个方向通过二极管是很容易的，它和普通的导线没有什么区别。当电流从反方向通过二极管的时候，通过的电流就非常小了，几乎可以认为没有电流能通过。这一个奇特的性质被物理学家妙用起来之后，几乎把近代世界刷新了一遍。

数学当中有没有二极管呢?

我们从最简单的加减运算说起。

对加法运算而言，$9963+37=10000$，每一位数相加，只需记住超过9时就进位的原则，闭着眼睛就可以一直做下去。对于减法运算，虽然也只有一个原则，遇到不够减时就从高位借一个数即可。然而有时高位数是零，借不到数时，还得向更高位借数，这就麻烦多了。例如 $10000-37=9963$，算起来比 $9963+37=10000$ 会耗费更多的时间。所以我们看到这样一个事实：减法是加法的逆运算，但是减法比加法要难一些。所有的小学生也都有一种体验：除法是乘法的逆运算，但是除法比乘法要难算得多。更有甚的是下面这种运算。

$7\times11\times13=1001$，从等式的左边算出右边来是很容易的，所用的方法无非是乘法。在数论中，我们给这种运算另起一个名词叫做数的合成。7，11，13 这三个质数的合成数就是 1001。反过来要把 1001 分写成为一些质数（允许有相同的）的乘积，就叫做数的分解。1001 可以分解成为 7，11，13 这三个质数的乘积。给定一个数，找出它全部的质因数显然比给定全部质因数求它的一个合成数要难得多！譬如说我们出了下面两道题：

（1）求 17 和 19 的合成数；

（2）求 323 的质分解。

如果把第一道题交给班里平时运算最慢的小皮，把第二道题交给运算速度最快的小青，保险是小皮先交出正确答案。其实这两道题是同一道题：$17\times19=323$，后一道题只不过是做前一道题的逆运算。

在这场比赛当中，小青必定是输家。但是大家千万别去责怪小青。看看下面这个事实，大家就会明白了。

如果有一个人出了一道与前面完全一样的题，只不过把其中的质数换成很大的质数。设两个质数，一个记作 p，另一个记作 q，p 和 q 都是很大的质数，约有 100 位。你很容易用计算机算出 p 和 q 的乘积。如果这个乘积记作 m（$p\times q=m$），你可以大胆地向全世界挑战，不管是什么专家，不管使用什么先进的计算机，当你不把 p 和 q 告诉他的时候，有谁能把 m 分解成为两个质因数的积呢？肯定没有人敢应战。迄今为止，世界上还没有一个人具备这么大的本领。

从上面所讲的这个事实当中，读者已经意识到：密码学家也发现了数学中的二极管——单向函数！

RSA 体制

当 $N=p$ 是一个质数的时候，我们可以证明如下引理：

$$a^p=a\ (\bmod p)\ (0<a<p)。$$

证明：我们用归纳法证明。

$a=1$ 时，显然是对的。

下面要证明：假定对于 a 成立时，即 $a^p=a\ (\bmod p)$，则 $(a+1)^p=a+1\ (\bmod p)$ 也成立。

根据二项式展开：

$$(a+1)^p=a^p+C_p^1a^{p-1}+C_p^2a^{p-2}+\cdots+C_p^{p-1}a^1+1。$$

由于 C_p^i 都是整数，其中包含的最大的质因数都是 p，所以无论哪一个 i（$0<i<p$），C_p^i 是 p 的倍数，即 $C_p^i=0\ (\bmod p)$。因此，

$(a+1)^p = a^p + 1 = a + 1 \pmod p$

根据归纳假设 $a^p = a \pmod p$。

引理证毕。

由此引理可以得出如下推理：当 $a \neq 0 \pmod p$ 时，$a^{p-1} = 1 \pmod p$。进一步，$N = p \times q$，其中 p，q 是两个不同的质数时，我们还可以证明如下一个定理：

$$a^{(p-1)(q-1)} = 1 \pmod{pq}。$$

证明：由推理，$a^{(q-1)(p-1)} = 1 \pmod p$，则 $a^{(q-1)(p-1)} = 1 + xp$（x 是某个整数）。

再重复使用一次推理，由 $a^{(p-1)(q-1)} = 1 \pmod q$，则 $a^{(p-1)(q-1)} = 1 + yq$（y 是某个整数）。

因此 $xp = yq$，故知 xp 不仅是 p 的倍数，而且也是 q 的倍数。于是 $a^{(p-1)(q-1)} = 1 \pmod{pq}$。

定理证毕。

现在我们考虑下列这样一个同余类。它是模 $M = (q-1)(p-1)$ 的一个同余类，在这个同余类中，并非每个元素都是可逆元素（当且仅当同余数与 M 互质时，就是可逆元素）。如果 p 和 q 大约取到十进制的100位时，M 的值相当大。这时候，模 M 的同余类中可逆元素就相当多，只要 p 和 q 的值取合适了，竟可以取出一节连续数段，以致这一段内的每个数都是可逆数。利用这一段数作为电话号码，中间就不会产生跳号的毛病，就是说，电话号码可以挨个地使用，而每个号码又都是可逆元素。

假定A的电话号码是 $t(A)$，B的电话号码是 $t(B)$。利用辗转相除法，我们可以求出 $t(A)$ 在模 M 同余类中的逆元素。这个元素设

为 $d(A)$，同样地也可以用辗转相除法求出 B 的电话号码 $t(B)$ 的逆元素，设它为 $d(B)$，则

$$t(A)\times d(A)=1(\bmod M),t(B)\times d(B)=1(\bmod M)。$$

现在 A 要将一个信息的明文 a 发给 B。他把 a 加密成为 b，采用的办法与前一节最后一段中所描述的本质上相似，但是原来密钥的数据是作为乘数出现的，现在却改成以指数运算的方式出现了。具体加密算法如下：

$$b=a^{d(A)\cdot t(B)}(\bmod N)。$$

其中 $d(A)$ 是 A 自己知道的密钥，$t(B)$ 是 B 的电话号码，N 是由电信局公开告诉大家的。这样，密文数据 b 是可以算得出来的。

当 B 收到密文 b 之后，他把 b 做如下的运算：

$$c=a^{t(A)\cdot d(B)}(\bmod N),$$

则 $c=b^{t(A)\cdot d(B)}=a^{d(A)\cdot t(B)\cdot t(A)\cdot d(B)}$。

其中因为 $d(A)\cdot t(A)=1(\bmod M)$，必存在一个 u，使 $d(A)\cdot t(A)=uM+1$。同理，$d(B)\cdot t(B)=1(\bmod M)$，必存在一个 v，使 $d(B)\cdot t(B)=vM+1$。由此，$c=a\ (\bmod N)$，B 得到了原来的明文 a。

任何一个第三者想从密文 b 中解得原有的明文信息 a，除非他能用 B 的电话号码 $t(B)$ 算出其可逆元素 $d(B)$。注意，这里所指的逆元素是模 M 之下的同余数 $t(B)$ 的逆元素，不是模 N 之下的同余数的逆元素。因为电信局向全世界公布 $N(N=pq)$ 的时候，并没有同时向世人公布 M。虽然 $M=(p-1)(q-1)$ 和 $N=pq$ 这两个数密切相关，由于人类现在根本没有能力在知道 N 这个数的情形下求出 p，q 各是多少。在前一节中我们说过这是一个单向函数。有了 p，q 算它

们的乘积 N 很容易，但是有了 N 想把它分解成为质因数 p，q 却很难。到目前为止，没有人能从已知的 N 中求出 M 是多少。

如果连 M 是多少都不知道，作为模 M 下的一个同余数 $t(B)$（B 的电话号码)，想求它的逆元素更无从谈起。$t(B)$ 就和一个普通的数一样，当你把它看成是一个同余数时，首先要知道它是模掉什么数下的同余数。否则，它的逆元素根本是不确定的。

如：$7\times3=1\pmod{10}$，$7\times4=1\pmod{9}$，$7\times7=1\pmod{8}$，$7\times R=0\pmod{7}$，同一个 7 在不同的模数之下，其逆元素不但不确定，还很可能没有逆元素。

所以除了 B 没有人能知道 $d(B)$ 这个数。那么 B 本人又是怎么知道的呢？是电信局告诉他的，因为电信局（也许是一台计算机）知道 N，而且他也知道 p，q 和 M。

实际上，电信局是先选好了 p，q，再算出 $N=pq$，也算出了 $M=(p-1)(q-1)$，只不过他们仅仅公布了 N 这个数，而不公布 p，q 或 M 这个数。对于他们自己来说，却可以利用自己掌握的 M，给每个人的电话号码 $t(B)$ 的逆元素 $d(B)$ 算出来。再经过严格的秘密手续，送到 B 手中，而且只让 B 一个人知道 $d(B)$ 这个数。

同样地，A 也获得一个秘密的数据 $d(A)$（其电话号码 $t(A)$ 的逆元素)。从此 A，B 两人之间的秘密通信就可以顺利地进行了。实际上，全世界任意两个人之间的秘密通信也得以实现了。

是否 RSA 密码体制已经是万无一失了呢？近年来经大家研究的结果，也存在许多潜在的隐患。但是美国许多公众对 RSA 密码仍照用不误。世界上的事情就是在实践的过程中不断地完善着，又不断地被破坏着。